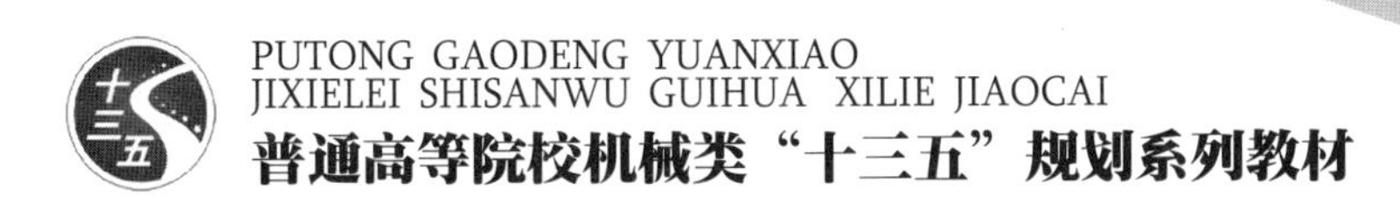

PUTONG GAODENG YUANXIAO
JIXIELEI SHISANWU GUIHUA XILIE JIAOCAI
**普通高等院校机械类“十三五”规划系列教材**

# 数控编程与加工实习教程

SHUKONG BIANCHENG YU JIAGONG SHIXI JIAOCHENG

主　编　江书勇　宋　鸣
副主编　罗　彬　吴　维
主　审　李华志



西南交通大学出版社
·成　都·

## 内容简介

本书详细介绍了华中数控系统的车、铣编程要领及机床操作、加工方法，兼顾介绍了数控线切割机床编程、加工。全书共分为3章，包括数控铣床（加工中心）编程、加工实训，数控车削编程、加工实训，电加工编程、加工实训。书中的例题、加工数据等均为典型的数控加工实例，并经过实践检验，同时配有对应的数字资源。

本书可作为本科机械类专业和相关工程专业的机械制造和数控加工实习实训教材，也可用于高职高专数控技术应用、机械制造与自动化、模具设计与制造、机电一体化等专业数控技能实训教材，以及各职业技能培训机构的数控参考教材，同时还可作为成人教育、中专、技校、职高等相关专业师生及工程技术人员的参考书。

图书在版编目（CIP）数据

数控编程与加工实习教程 / 江书勇，宋鸣主编. —
成都：西南交通大学出版社，2017.6（2019.6重印）
普通高等院校机械类"十三五"规划系列教材
ISBN 978-7-5643-5549-4

Ⅰ. ①数… Ⅱ. ①江… ②宋… Ⅲ. ①数控机床－程序设计－实习－高等学校－教材②数控机床－加工－实习－高等学校－教材 Ⅳ. ①TG659-45

中国版本图书馆CIP数据核字（2017）第152214号

普通高等院校机械类"十三五"规划系列教材
**数控编程与加工实习教程**

江书勇　宋　鸣 / 主编

责任编辑 / 李芳芳
封面设计 / 何东琳设计工作室

西南交通大学出版社出版发行
（四川省成都市金牛区二环路北一段111号西南交通大学创新大厦21楼　610031）
发行部电话：028-87600564
网址：http://www.xnjdcbs.com
印刷：四川森林印务有限责任公司

成品尺寸　185 mm × 260 mm
印张　8.75　　字数　206千
版次　2017年6月第1版　　印次　2019年6月第2次

书号　ISBN 978-7-5643-5549-4
定价　22.00元

# 前言
preface

现代数控技术集传统的机械制造技术、计算机技术、现代控制技术、传感检测技术、信息处理技术、网络通信技术、液压气动技术等于一体，是制造业实现自动化、柔性化、集成化生产的基础，是提高产品质量、提高劳动生产率必不可少的重要手段，已成为衡量一个国家制造业水平的重要标志之一。为了增强企业的竞争能力，制造业已开始广泛使用先进的数控技术，而掌握数控技术的机电复合型人才已成为全社会普遍关注的热点问题。数控人才短缺的问题已引起中央领导及教育部、劳动与社会保障部等政府部门的高度重视。

根据新形势下对人才的需求以及机械制造专业、模具设计与制造专业、数控技术专业、机电一体化专业等的现状、特点和人才的需求情况，我们对这些专业的实践教育的教学计划、课程体系和使用教材现状进行了充分研讨，一致认为：要遵循理论和实践相结合、突出实践为主的原则，结合数控车、数控铣、加工中心操作工（中级）技术操作和技能鉴定考核大纲的要求来编写实训教材。本书以培养学生的实践动手能力为主，贯彻实践与理论相结合，突出操作技能与应用能力的培养。

本书主要以华中数控系统为范例，讲述数控加工的编程方法、编程实例及机床操作、加工，取材适当，内容丰富，理论联系实际；书中配有大量编程实例及实训零件图，图文并茂、直观易懂，便于学生学习；同时注意吸取本专业应用的最新成果，兼顾了数控加工编程技术的先进性和实用性。全书共 3 章：第 1 章为数控铣床（加工中心）编程、加工，主要讲述数控铣床（加工中心）编程概述、常用数控指令及用法、固定循环指令、其他常用编程指令及应用、数控铣床实训等；第 2 章为数控车削编程、加工，主要讲述车削加工基本准备功能指令、车削复合循环、数控车削加工实训等；第 3 章为数控线切割、电火花成形机床加工，主要讲述数控线切割加工概述、数控线切割机床的编程方法、电火花成形加工、数控线切割实训、电火花成形机实训等。

本书着重加强针对性和实用性，不仅注重内容和体系的改革，还注重教育方法和手段的改革，满足实习实训教学的需要。本书可作为本科工程类专业机械加工和数控操作实习实训教材，也可作为高职高专数控技能实训教材和各职业技能培训机构的数控培训参考教材，同时还可作为成人教育、中职等相关专业师生及工程技术人员的参考书。

本书由成都工业学院江书勇、宋鸣担任主编，罗彬、吴维担任副主编，由成都工业学院李华志教授主审。其中，第1章由江书勇、罗彬编写；第2章由吴维、李可编写；第3章由宋鸣编写。全书由宋鸣负责统稿和定稿。

由于编者水平和经验有限，书中难免存在不足之处，恳请广大读者批评指正。

**编　者**

2017年4月

# 目 录

contents

# 第 1 章　数控铣床（加工中心）编程、加工

## 1.1　数控铣床（加工中心）编程概述

### 1.1.1　数控编程的内容与步骤

一般说来，数控机床程序编制的内容包括：分析工件图样、确定加工工艺过程、数值计算、编写零件加工程序单、程序输入数控系统、校对加工程序和首件试加工。

1. 分析工件图样

分析工件的材料、形状、尺寸、精度及毛坯形状和热处理要求等，以便确定该零件是否适合在数控机床上加工，或适合在哪种类型的数控机床上加工。只有批量小、形状复杂、精度要求高及生产周期要求短的零件，才最适合数控加工，并且要明确加工内容和要求。

2. 确定加工工艺过程

在对零件图样做了全面分析的前提下，确定零件的加工方法（如采用的工夹具、装夹定位方法等）、加工路线（如对刀点、换刀点、进给路线）及切削用量等工艺参数（如进给速度、主轴转速、切削宽度和切削深度等）。制订数控加工工艺时，除要考虑数控机床使用合理性及经济性外，还须考虑所用夹具是否便于安装，是否便于协调工件和机床坐标系的尺寸关系，对刀点应选在容易找正并在加工过程中便于检查的位置，进给路线应尽量短，并使数值计算容易，加工安全可靠等。

3. 数值计算

根据工件图及确定的加工路线和切削用量，计算出数控机床所需的输入数据。数值计算主要包括计算工件轮廓的基点和节点坐标等。

4. 编写零件加工程序单

根据加工路线，计算出刀具运动轨迹坐标值和已确定的切削用量以及辅助动作，依据数控装置规定使用的指令代码及程序段格式，逐段编写零件加工程序单。

5. 程序输入数控系统

程序单编好之后，需要通过一定的方法将其输入数控系统。常用的输入方法有：

（1）手动数据输入。按所编程序单的内容，通过操作数控系统键盘上的数字、字母、符号键进行输入，同时利用 LCD 显示器显示内容并进行检查。即将程序单的内容直接通过数控系统的键盘手动键入数控系统。

（2）用控制介质输入。控制介质多采用磁盘、U 盘、光盘等将，并程序输入数控系统，控制数控机床工作。

（3）通过机床的通信接口输入。将数控加工程序，通过与机床控制的通信接口连接的电缆直接快速输入机床的数控装置中。

6. 校对加工程序、首件试加工

通常数控加工程序输入完成后，需要校对其是否有错误。一般是将加工程序上的加工信息输入数控系统进行空运转检验，也可在计算机上利用数控加工仿真软件进行校验。

对于批量加工零件，为进一步考察程序单的正确性并检查工件是否达到加工精度，还需进行首件试加工。根据试切情况反过来进行程序单的修改以及采取尺寸补偿措施等，直到加工出满足要求的零件为止。

### 1.1.2 数控编程的方法

程序编制方法有手工编程与计算机辅助自动编程两种。

1. 手工编程

从零件图样分析、工艺处理、数值计算、编写程序单、制作控制介质直至程序校验等各步骤均由人工完成，称为“手工编程”。手工编程适用于点位加工或几何形状不太复杂的零件加工，或程序编制坐标计算较为简单、程序段不多、程序编制易于实现的场合。这时，手工编程（有时手工编程也可用计算机进行数值计算）显得经济而且及时。对于几何形状复杂，尤其是由空间曲面组成的零件，编程时数值计算烦琐，所需时间长，且易出错，程序校验困难，用手工编程难以完成。据有关统计表明，对于这样的零件，编程时间与机床加工时间之比的平均值约为 30∶1。所以，为了缩短生产周期，提高数控机床的利用率，有效地解决各种零件的加工问题，必须采用自动编程。

2. 自动编程

自动编程也称为计算机（或编程机）辅助编程，即程序编制工作的大部分或全部由计算机完成，如完成坐标值计算、编写零件加工程序单等，有时甚至能帮助进行工艺处理。自动编程编出的程序还可通过计算机或自动绘图仪进行刀具运动轨迹的图形检查，编程人员可以及时检查程序是否正确，并及时修改。自动编程大大减轻了编程人员的劳动强度，效率提高了几十倍乃至上百倍,同时解决了手工编程无法解决的许多复杂零件的编程难题。工作表面形状越复杂，工艺过程越烦琐，自动编程的优势也就越明显。

### 1.1.3 程序编制中的坐标系

扫描二维码观看机床坐标系与工件坐标系的关系

1. 机床坐标系

为了保证数控机床的运动、操作及程序编制的一致性，数控标准统一规定了机床坐标系和运动方向，编程时采用统一的标准坐标系。

1）坐标系建立的基本原则

① 坐标系采用笛卡儿直角坐标系、右手法则，如图 1.1 所示，基本坐标轴为 $X$、$Y$、$Z$ 直角坐标，相应于各坐标轴的旋转坐标分别记为 $A$、$B$、$C$。

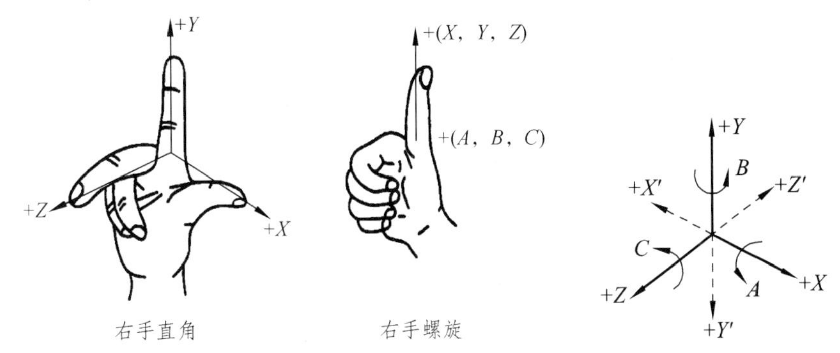


图 1.1　右手直角坐标系统

② 采用假设工件固定不动、刀具相对工件移动的原则。由于机床的结构不同，有的是刀具运动，工件固定不动；有的是工件运动，刀具固定不动。为编程方便，一律规定工件固定，刀具运动。

③ 采用使刀具与工件之间距离增大的方向为该坐标轴的正方向，反之则为负方向，即取刀具远离工件的方向为正方向。旋转坐标轴 $A$、$B$、$C$ 的正方向确定方法如图 1.1 所示，即按右手螺旋法则确定。

2）各坐标轴的确定

确定机床坐标轴时，一般先确定 $Z$ 轴，然后确定 $X$ 轴和 $Y$ 轴。

$Z$ 轴：规定与机床主轴轴线平行的标准坐标轴为 $Z$ 轴。$Z$ 轴的正方向是刀具与工件之间距离增大的方向。

$X$ 轴：为水平的、平行于工件装夹平面的轴。对于刀具旋转的机床，若 $Z$ 轴为水平时，由刀具主轴的后端向工件看，$X$ 轴正方向指向右方；若 $Z$ 轴为垂直时，由主轴向立柱看，$X$ 轴正方向指向右方。对无主轴的机床（如刨床），$X$ 轴正方向平行于切削方向。

$Y$ 轴：垂直于 $X$ 及 $Z$ 轴，按右手法则确定其正方向。

图 1.2 所示为数控车床加工中心的坐标系。

3）机床坐标系的原点

机床坐标系的原点也称机械原点、参考点或零点，这个原点是机床上固有的点，机床一经设计和制造出来，机械原点就已经被确定下来。机床启动时，通常要进行机动或手动回零，就是回到机械原点。数控机床的机械原点一般在直线坐标或旋转坐标回到正向的极限位置。

### 2. 工件坐标系（亦称编程坐标系）

当零件在机床工作台上装夹好以后，如果使用机床坐标系来编制数控加工程序，则会感到很麻烦。因为零件的形状及尺寸均以有关基准来标注，而并未在零件图样上反映出它在数控机床加工空间中的位置，即使经过对刀或在线检测等手段获知了其位置数据，如要编制数控加工程序时，尚需换算成零件各基点在机床坐标系中的数据。基于以上原因，就需要在与工件有确切位置关系且易于编程的空间点处建立工件坐标系。

工件坐标系是人为设定的，用于确定工件几何图形上各几何要素的位置，为编程提供数据基础，所以又叫作编程坐标系，该坐标系的原点叫作工件原点。该坐标系与机床坐标系是不重合的。理论上工件原点设置是任意的，但实际上，它是编程人员根据零件特点为了方便编程、保证加工精度以及尺寸的直观性而设定的。

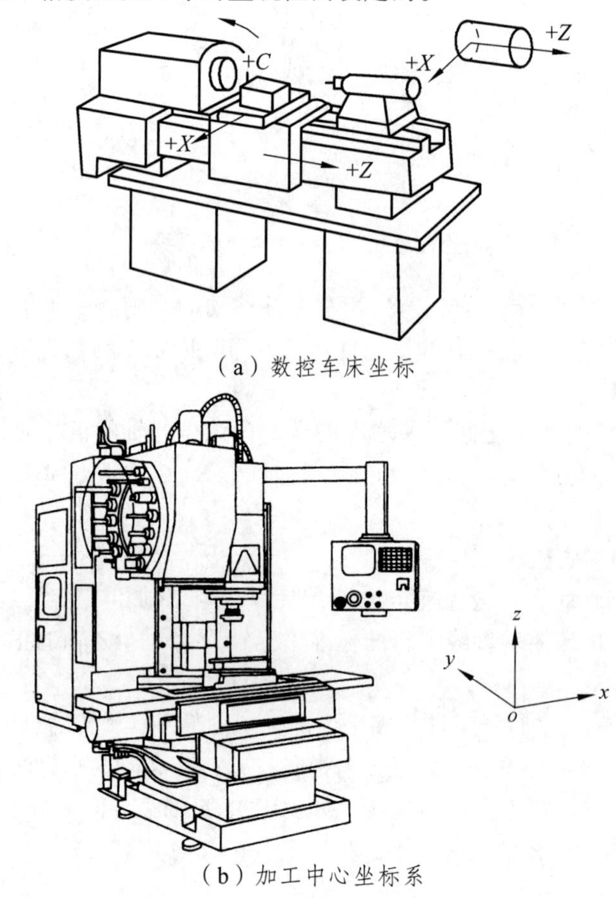


（a）数控车床坐标

（b）加工中心坐标系

图 1.2　数控机床坐标系

工件坐标系原点的选择原则是：

（1）坐标值的计算方便，编程简单；

（2）引起的加工误差最小；

（3）加工时容易对刀、尺寸测量。

工件坐标系原点一般按以下几点进行选择：

（1）工件坐标系原点应选在零件的设计基准上，这样便于坐标值的计算，并减少误差；

（2）工件坐标系原点尽量选在精度较高的工件表面，以提高被加工零件的对刀精度；

（3）对于对称零件，工件坐标系原点应设在对称中心上；

（4）回转类零件，工件坐标系原点设在回转中心上；
（5）对于一般零件，工件坐标系原点设在工件轮廓某一角上；
（6）Z 轴方向上坐标系原点一般设在工件表面。

### 1.1.4　数控加工程序的结构、格式

1. 程序结构

一个完整的加工程序由程序号、程序内容和程序结束符号等组成。

在加工程序的开头要有程序号，以便进行程序检索。程序号就是给零件数控加工程序一个编号，并说明该零件加工程序开始。程序号一般以字母“O”或“%”打头，后面跟 4 位阿拉伯数字，如 O3515、%3412。程序内容则表示全部的加工程序。程序结束可用指令 M02 或 M30 作为整个程序结束的符号来结束程序，程序结束应位于最后一个程序段。

2. 程序格式

1）程序段构成要素

数控加工程序由若干个程序段组成。每个程序段包含若干个指令字（简称字），每个字由若干个字符组成。

图 1.3 所示为某格式的一个程序段及其含义。

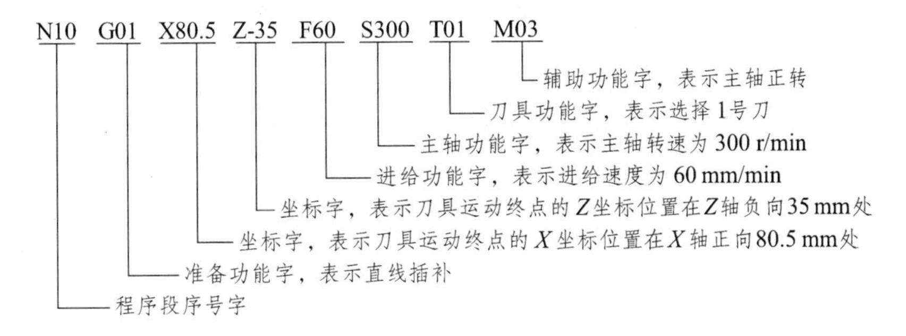


图 1.3　程序段格式

该程序段命令机床用 1 号刀具以 300 r/min 的速度正转，并以 60 mm/min 的进给速度直线插补运动至 X80.5 mm 和 Z－35 mm 处。

2）程序段格式

一个程序段由多个字组成，这些字可分为顺序号字、准备功能字、尺寸字、进给功能字、主轴功能字、刀具功能字、辅助功能字和程序段结束字等。每个字都由称为地址码的英文字母开头，程序段中各类字的意义如下：

① 程序段顺序号字。由地址码 N 及后续 2 ~ 4 位数字组成，用于对各程序段编号。编号的顺序也就是各程序段的执行顺序。

② 准备功能字。准备功能字由地址码 G 及其后续两位数字组成，从 G00 ~ G99 共 100 种。G 功能的主要作用是指定数控机床的运动方式，为数控系统的插补运算等做好准备。所以它一般都位于程序段中尺寸字的前面而紧跟在程序段序号字之后。表 1.1 是华中数控

系统规定的 G 代码功能表（其中一部分代码未规定其含义）。

表 1.1 准备功能 G 代码

| G 指令 | 组 号 | 功 能 |
|---|---|---|
| G00 | 01 | 快速定位 |
| G01 | | 直线插补 |
| G02 | | 顺时针圆弧插补/顺时针螺旋线插补 |
| G03 | | 逆时针圆弧插补/逆时针螺旋线插补 |
| G04 | 00 | 暂 停 |
| G09 | | 准确停止 |
| G15 | 17 | 极坐标编程方式取消 |
| G16 | | 极坐标编程方式打开 |
| G17* | 02 | 选择 XY 插补平面 |
| G18 | | 选择 XZ 插补平面 |
| G19 | | 选择 YZ 插补平面 |
| G20 | 08 | 英寸输入 |
| G21* | | 毫米输入 |
| G22 | | 脉冲当量 |
| G24 | 03 | 镜 像 |
| G25 | | 取消镜像 |
| G27 | 00 | 返回参考点检测 |
| G28 | | 返回参考点 |
| G29 | | 从参考点返回 |
| G40* | 09 | 刀具半径补偿取消 |
| G41 | | 左侧刀具半径补偿 |
| G42 | | 右侧刀具半径补偿 |
| G43 | 10 | 正向刀具长度补偿 |
| G44 | | 负向刀具长度补偿 |
| G49* | | 刀具长度补偿取消 |
| G50* | 04 | 比例缩放取消 |
| G51 | | 比例缩放 |
| G52 | 00 | 局部坐标系设定 |
| G53 | | 直接机床坐标系编程 |
| G54 ~ G59 | 11 | 选择工件坐标系 1 ~ 6 |

续表

| G指令 | 组号 | 功能 |
|---|---|---|
| G65 | 00 | 宏程序调用 |
| G66 | 12 | 宏程序模态调用 |
| G67* | | 宏程序调用取消 |
| G68 | 05 | 坐标旋转 |
| G69* | | 坐标旋转取消 |
| G73 | 06 | 深孔高速钻削循环 |
| G74 | | 攻左旋螺纹循环 |
| G76 | | 精镗循环 |
| G80* | | 固定循环取消/外部操作功能取消 |
| G81 | | 普通钻孔循环/锪镗循环或外部操作功能 |
| G82 | | 锪孔循环 |
| G83 | | 啄式钻孔循环 |
| G84 | | 攻右旋螺纹循环 |
| G85 | | 镗孔循环 |
| G86 | | 镗孔循环 |
| G87 | | 反镗循环 |
| G88 | | 镗孔循环 |
| G89 | | 镗孔循环 |
| G90 | 13 | 绝对值编程 |
| G91 | | 增量值编程 |
| G92 | 00 | 设定工件坐标系 |
| G94 | 14 | 每分进给 |
| G95 | | 每转进给 |
| G98 | 15 | 固定循环返回初始点 |
| G99 | | 固定循环返回R点 |

注：① 带*号的G指令表示接通电源时，即为该G指令的状态。
② 00组G指令都是非模态G指令。
③ 不同组的G指令在同一个程序段中可以指令多个，但如果在同一个程序段中指令了两个或两个以上同一组的G指令时，则只有最后一个G指令有效。

G代码有两种：一种是模态代码，它一经运用，就一直有效，直到出现同组的其他G代码时才被取代；另一种是非模态代码，它只在出现的程序段中有效。不同组的G代码在同一程序段中可以指定多个。G代码功能的具体应用将在后面重点介绍。

③ 尺寸字。尺寸字也称坐标字，用于给定各坐标轴位移的方向和数值。它由各坐标轴地址码及正、负号和其后的数值组成。尺寸字安排在 G 功能字之后。尺寸字的地址对直线进给运动为 *X*、*Y*、*Z*、*U*、*V*、*W*、*P*、*Q*、*R*，对于绕轴回转运动为 *A*、*B*、*C*、*D*、*E*。此外还有插补参数字（地址码）*I*、*J* 和 *K* 等。尺寸字的单位对于直线位移多为“毫米”，也有用脉冲当量的；回转运动则用“弧度”或“转”。具体情况视选用的数控系统而定。

### 1.1.5 辅助功能指令

辅助功能也称 M 功能，由地址码 M 及后续两位数字组成，从 M00 ~ M99 共 100 种。它是控制机床各种开/关功能的指令。注意：在同一个程序段里，不能有两个 M 代码。表 1.2 是常用的 M 代码。

表 1.2 常用辅助功能 M 代码

| 序号 | 代码 | 模态 | 功 能 | 序号 | 代码 | 模态 | 功 能 |
|---|---|---|---|---|---|---|---|
| 1 | M00 | 非模态 | 程序停止 | 8 | M07 | 模态 | 冷却开 |
| 2 | M01 | 非模态 | 选择停止 | 9 | M08 | 模态 | 冷却开 |
| 3 | M02 | 非模态 | 程序结束 | 10 | M09 | 模态 | 冷却关 |
| 4 | M03 | 模态 | 主轴正转 | 11 | M19 | 非模态 | 主轴定向停止 |
| 5 | M04 | 模态 | 主轴反转 | 12 | M30 | 非模态 | 程序结束，并返回程序首段 |
| 6 | M05 | 模态 | 主轴停转 | 13 | M98 | 非模态 | 调用子程序 |
| 7 | M06 | 非模态 | 自动换刀 | 14 | M99 | 非模态 | 子程序结束，返回主程序 |

辅助功能指令主要是控制机床开/关功能的指令，如主轴的启停、冷却液的开停、运动部件的夹紧与松开等辅助动作。M 功能常因生产厂及机床的结构和规格不同而异，这里介绍常用的 M 代码。

（1）M00：程序停止指令。

在执行完含 M00 的程序段指令后，机床的主轴、进给、冷却液都自动停止。这时可执行某一固定手动操作，如工件调头、手动换刀或变速等。固定操作完成后，须重新按下启动键，才能继续执行后续的程序段。

（2）M01：选择停止指令。

该指令与 M00 类似，所不同的是操作者必须预先按下面板上的“选择停止”按钮，M01 指令才起作用，否则系统对 M01 指令不予理会。该指令在关键尺寸的抽样检查或需临时停车时使用较方便。

（3）M02：程序结束指令。

该指令编在最后一条程序段中，用以表示加工结束。它使机床主轴、进给、冷却都停止，并使数控系统处于复位状态。此时，光标停在程序结束处。

（4）M03、M04、M05：主轴旋转方向指令。

这些指令分别命令主轴正转（M03）、反转（M04）和主轴停止转动（M05）。

（5）M06：换刀指令。

该指令用于加工中心的自动换刀。自动换刀过程分为换刀和选刀两类动作。把刀具从主轴上取下，换上所需刀具称为换刀；选刀是选取刀库中的刀具，以便为换刀做准备。换刀用 M06，选刀用 T 功能指定。例如，“N035　M06　T13”表示换上第 13 号刀具。

（6）M07：2 号冷却液开，用于雾状冷却液开。

（7）M08：1 号冷却液开，用于液状冷却液开。

（8）M09：冷却液关。

（10）M19：主轴定向停止。

这些指令使主轴准确地停在预定的角度位置上。用于镗孔时，镗刀穿过小孔镗大孔；反镗孔和精镗孔退刀时使镗刀不划伤已加工表面。某些数控机床自动换刀时，也需要主轴定向停止。

（11）M30：程序结束。

该指令与 M02 类似，但 M30 可使程序返回到开始状态，使光标自动返回到程序开头处，一按启动键就可以再一次运行程序。

### 1.1.6　其他功能指令

#### 1. 进给功能字

进给功能也称 F 功能，由地址码 F 及其后续的数值组成，用于指定刀具的进给速度。进给功能字应写在相应轴尺寸字之后，对于几个轴合成运动的进给功能字，应写在最后一个尺寸字之后。

F 功能指令用于控制切削进给量，在程序中有两种使用方法。

（1）每分钟进给量 G94。

编程格式：G94 F____。F 后面的数字表示的是每分钟进给量，单位为 mm/min（系统默认）。例如，G94 F100 表示进给量为 100 mm/min。

（2）每转进给量 G95。

编程格式：G95 F____。F 后面的数字表示的是主轴每转进给量，单位为 mm/r。例如，G95 F0.2 表示进给量为 0.2 mm/r。

#### 2. 主轴转速功能

主轴转速功能也称 S 功能，由地址码 S 及后续的若干位数字组成，用于指定机床主轴转速，单位为 r/min（系统默认）。

编程格式：S____　M____。例如，用直接指定法时，S1500 M03 表示主轴正转，转速为 1 500 r/min。

3. 刀具功能字

刀具功能也称 T 功能，由地址码 T 及后续的若干位数字组成，用于更换刀具时指定刀具或显示待换刀号。

编程格式：T____。在加工中心上，T 后面跟两位数字，两位数字表示刀具号，如 T02 表示选用 2 号刀具；在数控车床上，T 后面跟四位数字，前两位是刀具号，后两位是刀具长度补偿号，又是刀尖圆弧半径补偿号，如 T0203 指令，02 为刀具号（选择 2 号刀具），03 为刀具补偿值组号（调用第 3 号刀具补偿值）。刀具补偿用于对换刀、刀具磨损、编程等产生的误差进行补偿。

## 1.2 常用数控指令及用法

扫描二维码观看常用G代码的用法

### 1.2.1 基本准备功能指令及用法

G 代码是与插补有关的准备功能指令，在数控编程中极其重要。目前，不同数控系统的 G 代码并非完全一致，因此编程人员必须熟悉所用机床及数控系统的规定。下面介绍华中数控系统常用的 G 代码指令及其编程方法。

1）G54、G55、G56、G57、G58、G59：工件坐标系设定指令

一般数控机床可以预先设定 6 个（G54 ~ G59）工件坐标系。G54 ~ G59 是通过设定工件坐标系原点在机床坐标系里的偏置量，从而建立的工件坐标系。在机床操作时，通过对刀操作测定出工件坐标系原点相对于机床坐标系原点分别在 *x*、*y*、*z* 方向上的坐标值，并把该坐标值通过参数设定的方式输入机床参数数据库中，如图 1.4 所示。

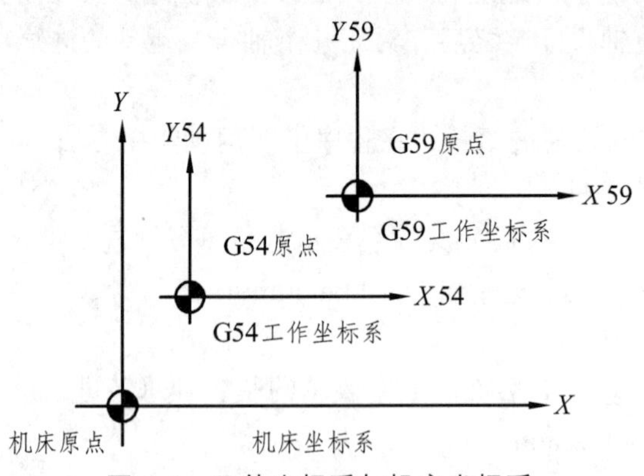


图 1.4　工件坐标系与机床坐标系

数控加工程序一旦指定了 G54 ~ G59 中的一个，则该工件坐标系原点即为当前程序原点，后续程序段中的工件绝对坐标均为相对此程序原点的值，例如，某段程序如下：

N01 G54 G00 G90 X30 Y40

在执行 N01 句时，系统会选定 G54 坐标系作为当前工件坐标系，然后再执行 G00 移动到该坐标系中的 A 点（见图 1.5）。

使用 G54 ~ G59 建立工件坐标系时，该指令可单独指定，也可与其他程序同段指定（见上面程序段 N01 句），如果该段程序中有位置指令就会产生运动。

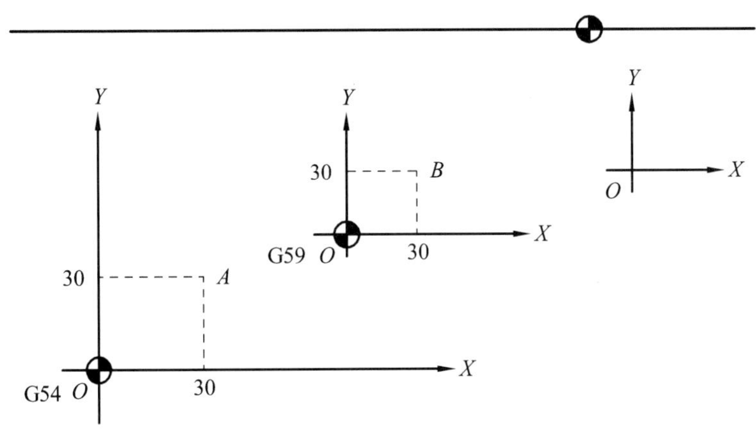


图 1.5　工件坐标系的使用

对于编程员而言，一般只要知道工件上的程序原点就足够了，因为编程与机床原点、机床参考点及装夹原点无关，也与所选用的数控机床型号无关（但与数控机床的类型有关）。但对于机床操作者来说，必须十分清楚所选用的数控机床上述各原点及其之间的偏移关系，不同的数控系统，程序原点设置和偏移的方法不完全相同，必须参考机床用户手册和编程手册。

2）G90、G91：绝对坐标编程与增量坐标编程指令

G90：绝对坐标编程指令。刀具运动过程中所有的位置坐标均以固定的坐标原点为基准来给出。例如，在图 1.6（a）中，*A* 点坐标为 $X_A = 20$，$Y_A = 32$；*B* 点坐标为 $X_B = 60$，$Y_B = 77$。

G91：增量坐标编程指令，又叫相对坐标编程指令。刀具运动的位置坐标是以刀具前一点的位置坐标与当前位置坐标之间的增量给出的，终点相对于起点的方向与坐标轴相同取正、相反取负。如图 1.6（b）中，加工路线为 *AB*，则 *B* 点相对于 *A* 点的增量坐标为 $X_B = 40$，$Y_B = 45$。

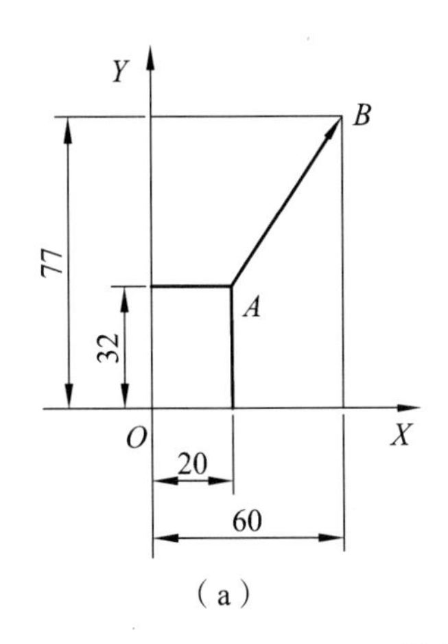


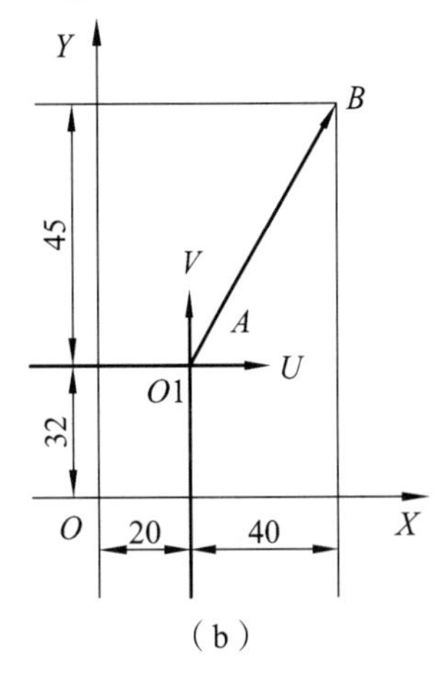


图 1.6　绝对坐标与增量坐标

3）G00：快速点定位

命令刀具以点定位控制方式快速移动到指定位置，用于刀具的快进、快退运动。进给速度 F 对 G00 程序段无效，G00 只是快速到位，运动轨迹视系统设计而定。

指令格式：$\begin{Bmatrix} \text{G90} \\ \text{G91} \end{Bmatrix}$G00 X_Y_Z_ 。

式中，X、Y、Z 分别为 G00 目标点的坐标。

例如，在图 1.6 中，刀具从 A 快速运动到 B，编程方式分别为

绝对方式：G90　G00　X60　Y77。

增量方式：G91　G00　X40　Y45。

注意：G00 指令仅精确控制起点、终点的坐标位置，不能严格控制运行轨迹，因此 G00 指令不能用于切削加工。

4）G01：直线插补

命令机床数个坐标间以联动方式直线插补到规定位置，这时刀具按指定的 F 进给速度沿起点到终点的连线做直线切削运动。

指令格式：$\begin{Bmatrix} \text{G90} \\ \text{G91} \end{Bmatrix}$G01 X_Y_Z_F_ 。

式中，F 用于指定进给速度（数控铣床、加工中心默认单位为 mm/min）；X、Y、Z 分别表示 G01 的终点坐标。

例如，在图 1.7 中，要求刀具由 *O* 点快速移至 *A* 点，然后加工直线 *AB*、*BC*、*CA*，最后由 *A* 点快速返回起始点。

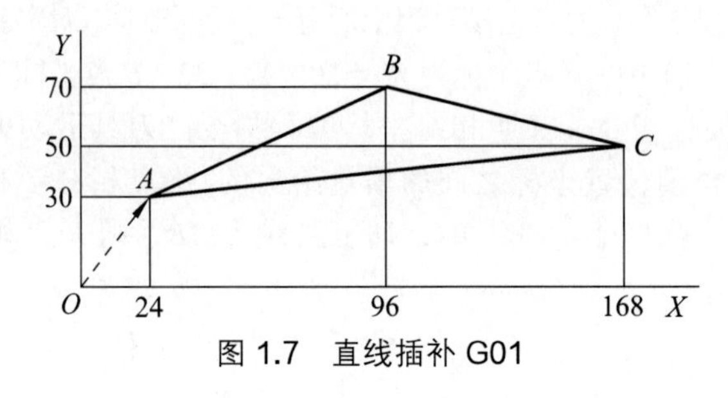


图 1.7　直线插补 G01

其程序如下：

```
O2714
N10 G54 G90 G00 X0 Y0
N20 S800 M03
N30 G00 X24 Y30
N40 G01 X96 Y70 F100
N50 X168 Y50
N60 X24 Y30
N70 G00 X0 Y0
N80 M02;
```

5）G17、G18、G19：插补平面选择

G17 表示 *XY* 平面插补，G18 表示 *XZ* 平面插补，G19 表示 *YZ* 平面插补。当机床只有一个坐标平面时（如车床），平面选择指令可省略。例如，在 *XY* 平面加工时，一般 G17 可省略不写。

6）G02、G03：圆弧插补指令

使机床在各坐标平面内执行圆弧运动，加工出圆弧轮廓。G02 表示顺时针方向圆弧插补，G03 表示逆时针方向圆弧插补。

圆弧插补的顺、逆可按图 1.8 给出的方向进行判别。

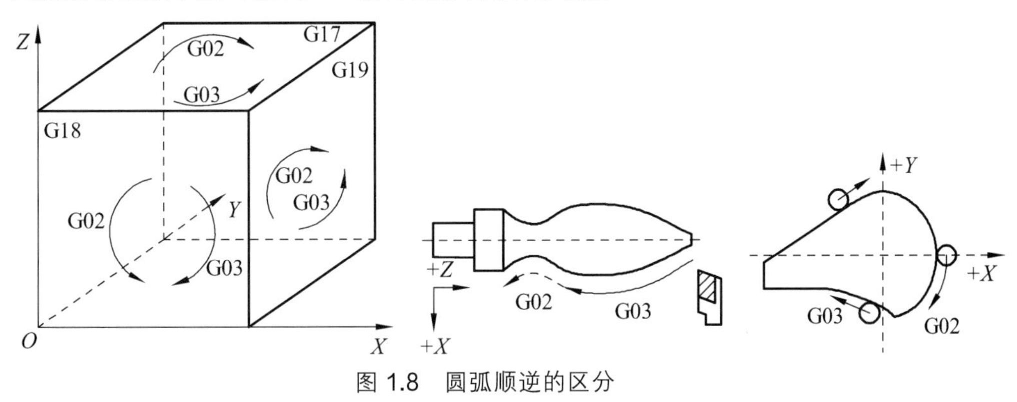


图 1.8　圆弧顺逆的区分

沿垂直于圆弧所在平面（如 *XY* 平面）的坐标轴正方向往负方向（ − *Z*）看，刀具相对于工件的转动方向是顺时针方向为 G02，逆时针方向为 G03。

圆弧插补程序段的格式主要有两种：一种用圆弧终点坐标和圆弧半径 *R* 表示，另一种用圆弧终点坐标和圆心坐标表示。其指令格式为

① 与 *XY* 平面圆弧同时移动时：

$$\begin{Bmatrix} G90 \\ G91 \end{Bmatrix} G17 \begin{Bmatrix} G02 \\ G03 \end{Bmatrix} X\_Y\_ \begin{Bmatrix} R\_ \\ I\_J\_ \end{Bmatrix} F\_$$

② 与 *XZ* 平面圆弧同时移动时：

$$\begin{Bmatrix} G90 \\ G91 \end{Bmatrix} G18 \begin{Bmatrix} G02 \\ G03 \end{Bmatrix} X\_Z\_ \begin{Bmatrix} R\_ \\ I\_K\_ \end{Bmatrix} F\_$$

③ 与 *YZ* 平面圆弧同时移动时：

$$\begin{Bmatrix} G90 \\ G91 \end{Bmatrix} G19 \begin{Bmatrix} G02 \\ G03 \end{Bmatrix} Y\_Z\_ \begin{Bmatrix} R\_ \\ J\_K\_ \end{Bmatrix} F\_$$

注意：① 式中 X、Y、Z 是圆弧终点坐标，可以用绝对值，也可以用终点相对于起点的增量值，取决于程序段中的 G90、G91 指令；② I、J、K 是分别圆弧圆心的 X、Y、Z 坐标相对于圆弧起点坐标的增量值；③ R 为圆弧半径，当圆弧的圆心角 $0° < \alpha < 180°$ 时，R 为正值；当圆弧的圆心角 $180° < \alpha \leqslant 360°$，R 为负值，如图 1.9 所示；④加工整圆时，只能用 I、J、K 表示，不能用 R 表示。

例如，加工顺弧 *AB*、*BC*、*CD*（见图 1.10）时，刀具起点在 *A* 点，进给速度为 80 mm/min，两种格式编程分别为

用圆心坐标 I、J 编程：　　　　　　　　用圆弧半径 R 编程：

```
G90 G54 G00 X0 Y-15
G03 X15 Y0 I0 J15 F80
G02 X55 Y0 I20 J0
G03 X80 Y-25 I0 J-25
…
```

```
G90 G54 X0 Y-15
G03 X15 Y0 R15 F80
G02 X55 Y0 R20
G03 X80 Y-25 R-25
```

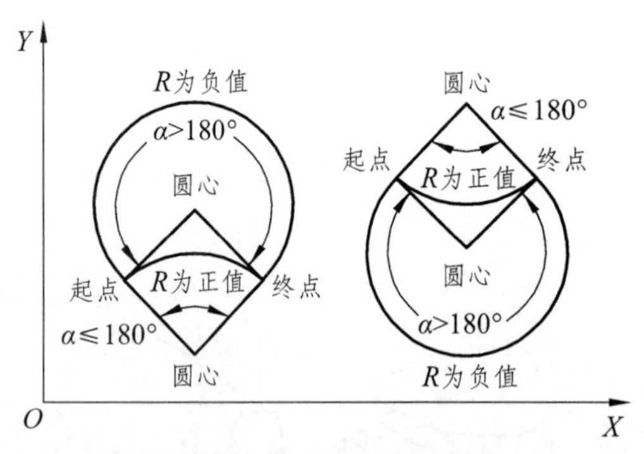


图 1.9　圆弧用 R 编程

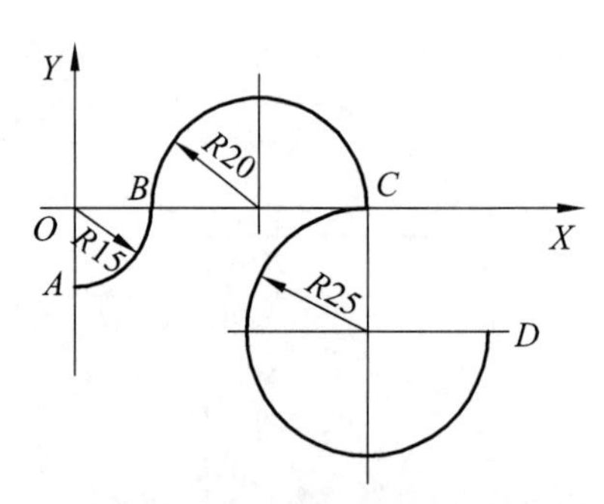


图 1.10　圆弧加工编程图例

下面以图 1.11 为例，说明整圆的编程方法。

用绝对值编程：

G90 G02 X45 Y25 I-15 J0 F100

用增量值编程：

G91 G02 X0 Y0 I-15 J0 F100

7）G02、G03：螺旋插补指令

螺旋线插补指令与圆弧插补指令相同，G02 为顺时针螺旋线插补，G03 为逆时针螺旋线插补。顺逆的方向判别方法与圆弧插补相同。

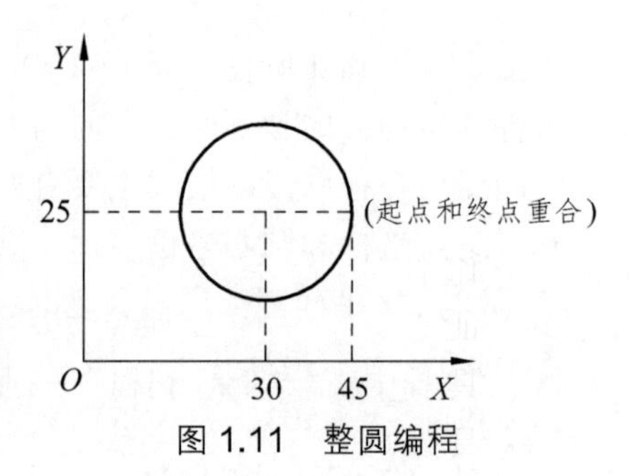


图 1.11　整圆编程

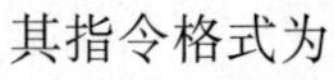

其指令格式为

① 与 *XY* 平面圆弧同时移动时：

$$\begin{Bmatrix} G90 \\ G91 \end{Bmatrix} G17 \begin{Bmatrix} G02 \\ G03 \end{Bmatrix} X\_Y\_ \begin{Bmatrix} R\_ \\ I\_J\_ \end{Bmatrix} Z\_F\_$$

② 与 *XZ* 平面圆弧同时移动时：

$$\begin{Bmatrix} G90 \\ G91 \end{Bmatrix} G18 \begin{Bmatrix} G02 \\ G03 \end{Bmatrix} X\_Z\_ \begin{Bmatrix} R\_ \\ I\_K\_ \end{Bmatrix} Y\_F\_$$

③ 与 *YZ* 平面圆弧同时移动时：

$$\begin{Bmatrix} G90 \\ G91 \end{Bmatrix} G19 \begin{Bmatrix} G02 \\ G03 \end{Bmatrix} Y\_Z\_ \begin{Bmatrix} R\_ \\ J\_K\_ \end{Bmatrix} X\_F\_$$

例如，加工图 1.12 所示的螺旋线的编程方式如下：

用 G90 时：

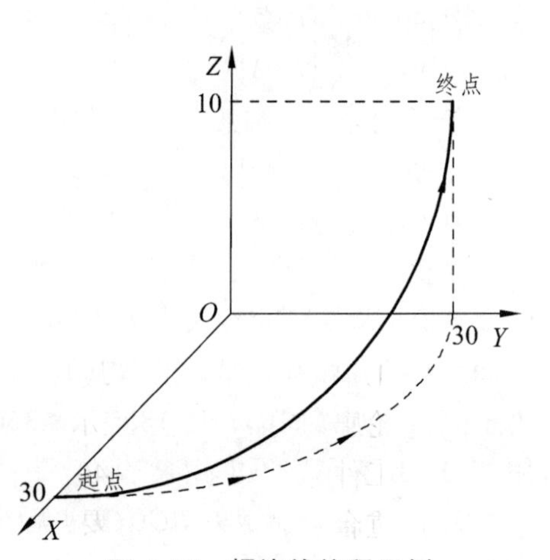


图 1.12　螺旋线编程示例

$$\text{G90 G17 G03 X0 Y30}\left\{\begin{matrix}\text{R30}\\ \text{I30 J0}\end{matrix}\right\}\text{Z10 F200}$$

用 G91 时：

$$\text{G91 G17 G03 X-30 Y30}\left\{\begin{matrix}\text{R30}\\ \text{I30 J0}\end{matrix}\right\}\text{Z10 F200}$$

8）G04：暂停指令

使刀具做短时间的暂停（延时），用于无进给光整加工，如车槽、镗孔等场合常用该指令。

指令格式：G04 P__

式中，P 为暂停时间，华中数控系统默认的单位为“s”，FANUC 数控系统默认的单位为“ms”。暂停指令在上一程序段运动结束后开始执行。G04 为非模态指令，仅在本程序段有效。例如，N055 G04 P2 表示延时 2 s。

### 1.2.2　刀具补偿指令

数控铣削加工刀具补偿指令包含刀具半径补偿、刀具长度补偿。

1）G40、G41、G42：刀具半径补偿指令

在数控铣床上进行轮廓加工时，因为铣刀有一定的半径，所以刀具中心（刀心）轨迹和工件轮廓不重合，刀具中心轨迹应在与零件轮廓相距刀具半径的等距线上。若机床数控装置不具备刀具半径自动补偿功能，则只能按刀心轨迹进行编程。点画线为刀心轨迹线，如图 1.13 所示。刀心轨迹计算有时非常复杂，尤其当刀具磨损、重磨、更换新刀具而导致刀具直径变化时，必须重新计算刀心轨迹，修改加工程序，计算非常烦琐，工作量大，又不易保证加工精度。为了减少编程时的计算量，简化编程，因此引入刀具半径补偿功能。采用刀具半径补偿指令，编程时只需按零件轮廓编制，数控系统能自动计算刀具中心轨迹，并使刀具按此轨迹运动，使编程简化。

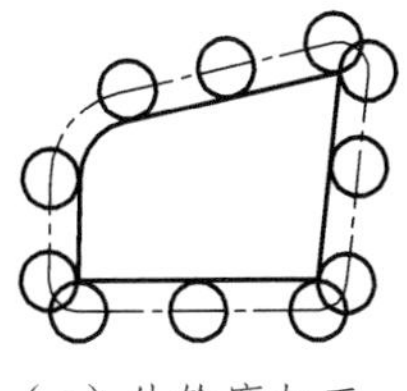

（a）外轮廓加工

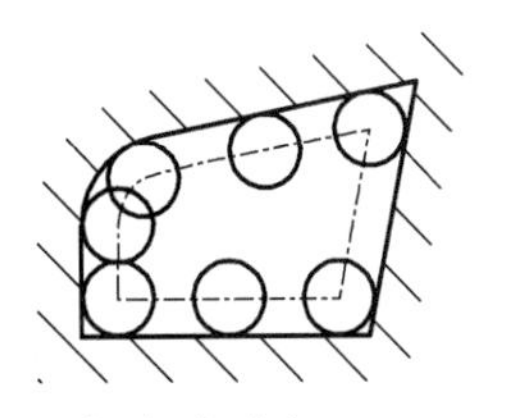

（b）内腔加工

图 1.13　刀具轨迹

在图 1.14 中，G41 表示刀具半径左补偿（左刀补），指顺着刀具前进方向观察，刀具偏在工件轮廓的左边；G42 表示刀具半径右补偿（右刀补），指顺着刀具前进方向观察，刀具偏在工件轮廓的右边；G40 表示注销刀具半径补偿，使刀具中心与程序段给定的编程坐标点重合。G41、G42 需要与 G00、G01 等指令共同构成程序段，并要用 G17 ~ G19 指定坐标平面。

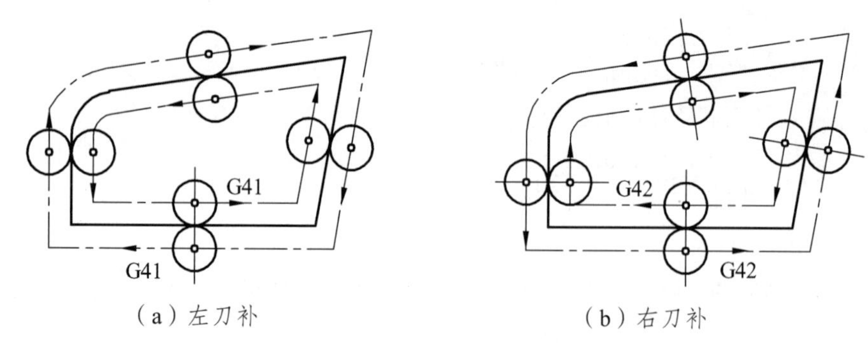


（a）左刀补　　　　　　（b）右刀补

图 1.14　左刀补、右刀补的判断

刀具半径补偿指令格式如下：

$\left\{\begin{matrix}\mathrm{G00}\\ \mathrm{G01}\end{matrix}\right\}\left\{\begin{matrix}\mathrm{G41}\\ \mathrm{G42}\end{matrix}\right\}$X_Y_D_F_　　　（G00 不能带 F 指令）

…

$\left\{\begin{matrix}\mathrm{G00}\\ \mathrm{G01}\end{matrix}\right\}$G40 X_Y_F_　　　（G00 不能带 F 指令）

式中，X、Y 为刀具移动的终点坐标；D 为刀具半径补偿的寄存器地址，补偿号为两位数（D00 ~ D99），补偿值通过参数设置事先输入刀补存储器中。D 代码是模态的，当刀具磨损或重磨后，刀具半径变小，只需手工输入改变刀具半径或选择适当的补偿量，而不必修改已编好的程序。

注意：

① 刀具半径补偿的建立、取消需在 G00、G01 里进行，不能在圆弧插补里（G02、G03）建立、取消刀补。

② 刀具半径补偿的建立、取消必须在零件轮廓外进行，不能在零件轮廓上建立、取消刀补。

③ 一般情况下刀具半径补偿的建立、取消需移动 *X*、*Y* 坐标，移动距离大于刀具半径。

④ 使用刀具半径补偿需防止产生刀具干涉。使用 G41（或 G42），当刀具接近工件轮廓时，数控装置认为是从刀具中心坐标转变为刀具外圆与轮廓相切点的坐标值，而使用 G40，刀具退出时则相反。

在刀具接近工件和退出工件时要充分注意上述特点，防止刀具与工件干涉而过切或碰撞，如图 1.15 所示。

编写零件的精加工程序时，如果不使用刀具半径补偿功能，需要计算刀具轨迹，按刀具轨迹编程；如果使用刀具半径补偿功能编程，只需按零件轮廓编程，不用计算刀具轨迹。

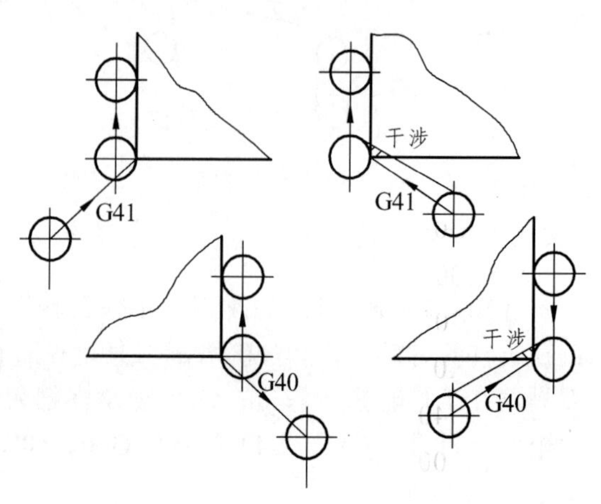


图 1.15　用 G41、G40 进刀退刀

刀具半径补偿功能的作用如下：

① 简化计算，方便编程；

② 通过修改刀具半径补偿值，保证零件轮廓加工尺寸；

③ 当更换了刀具或刀具磨损时，只需修改刀补值，不用改变加工程序；

④ 可通过设置不同的刀具半径补偿值实现粗加工、半精加工、精加工。

图 1.16 所示为铣刀半径补偿编程示例，图示零件外轮廓已粗加工，周边留有加工余量 2 mm，零件厚度 6 mm，现需对外轮廓进行精加工。设左下角 *O* 为工件坐标系 *X*、*Y* 原点，*Z* 轴原点设在零件上表面。刀具半径为 10 mm，刀具半径补偿号为 D01。经计算各点坐标为 *B*（10，40）、*C*（21.8，40）、*D*（52.3，35）、*E*（69.6，25）。则其程序为

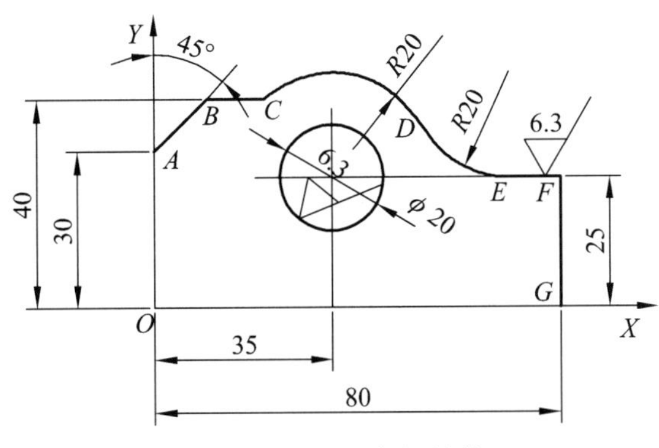


图 1.16　刀具半径补偿

| 程序 | 说明 |
|---|---|
| O 0011 | |
| N10　G90 G54 G00 Z50 | 设定坐标系，刀具设置安全高度 |
| N20　X-17 Y-17 S800　M03 | 设定下刀位置，主轴正转，转速 800 r/min |
| N30　Z3 | 快速下刀至 Z3 |
| N40　G01 Z-7 F400 | G01 下刀至 Z-7 |
| N50　G41 G01 X0 Y0 D01 F150 | 建立左刀补 |
| N60　Y30 | *O* 点→*A* 点 |
| N70　X10 Y40 | *A* 点→*B* 点 |
| N80　X21.8 | *B* 点→*C* 点 |
| N90　G02 X52.3 Y35 R20 | *C* 点→*D* 点 |
| N100 G03 X69.6 Y25 R20 | *D* 点→*E* 点 |
| N110 G01 X80 | *E* 点→*F* 点 |
| N120 Y0 | *F* 点→*G* 点 |
| N130 X0 | *G* 点→*O* 点 |
| N140 G40 X-12 Y-12 | 取消刀补 |
| N150 G00 Z50 | 刀具提至 Z50 |
| N160 M02 | 程序结束 |

扫描二维码观看程序运行过程及结果

2）G43、G44、G49：刀具长度补偿指令

在加工中心上使用多把刀具加工同一个零件时，每把刀具的长度不同，为了使机床知道每把刀具的长度，就引入刀具长度补偿概念。刀具长度补偿也称刀具长度偏置，用于补偿编程刀具和实际使用刀具之间的长度差。该功能使补偿轴的实际终点坐标值（或位移量）等于程序给定值加上或减去补偿值。即

实际位移量 = 程序给定值 ± 补偿值

其中，相加称为正偏置，用 G43 表示；相减称为负偏置，用 G44 表示；注销用 G49 表示。它们均为模态指令。刀具长度补偿指令一般用于刀具轴向（Z 方向）的补偿，在编程中使用了刀具长度补偿，可以不必考虑刀具的实际长度及各把刀具不同的长度尺寸。当刀具长度变化或更换刀具时，不必重新修改程序，只要改变相应补偿号中的补偿值即可。

指令格式：

$$\left\{\begin{matrix}\text{G00}\\\text{G01}\end{matrix}\right\}\left\{\begin{matrix}\text{G43}\\\text{G44}\end{matrix}\right\}\text{Z\_H\_F\_}\qquad\qquad\text{（G00 不能带 F 指令）}$$

…

G49

式中，G43 表示刀具长度正补偿，G44 表示刀具长度负补偿指令，G49 表示长度补偿注销。Z 为目标点的编程坐标值，H 为刀具长度补偿值的寄存器地址，后面一般用两位数字表示补偿量代号，补偿量可以用参数设置方式存入该代号寄存器中。补偿量可以是正值，也可以为负值，一般情况下，用 G43 指令就能满足多把刀具的加工。

使用刀具长度补偿、半径补偿功能精加工图 1.17 所示的零件内腔，工件坐标原点设在工件左下角。刀具直径为 16 mm，下刀点设在内腔中心 *P* 点。

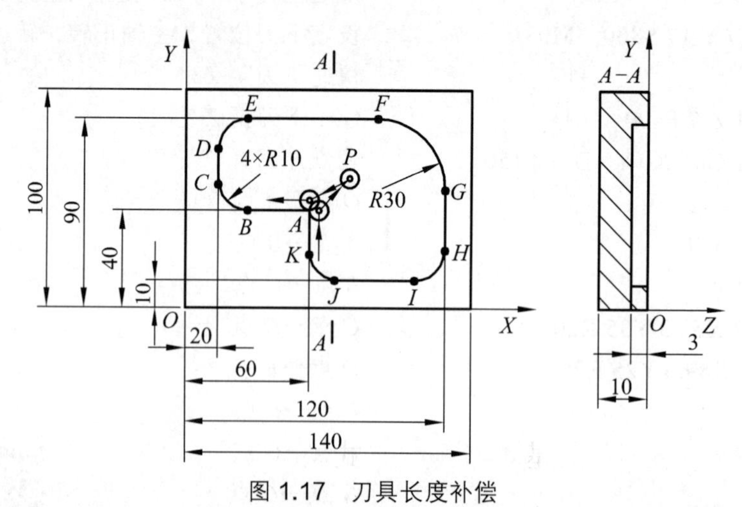


图 1.17　刀具长度补偿

加工程序如下：

O 0013

N10 G90 G54 G00 Z50

```
N20 X80 Y60 S700 M03
N30 G43 Z5 H01
N40 G01 Z-3 F150
N50 G41 X60 Y40 D01
N60 Y20
N70 G03 X70 Y10 R10
N80 G01 X110
N90 G03 X120 Y20 R10
N100 G01 Y60
N110 G03 X90 Y90 R30
N120 G01 X30
N130 G03 X20 Y80 R10
N140 G01 Y50
N150 G03 X30 Y40 R10
N160 G01 X60
N170 G40 X80 Y60
N180 G00 Z50
N190 G49
N200 M02
```

## 1.3 固定循环指令

固定循环指令是为简化编程将多个程序段的指令按约定的执行次序综合为一个程序段来表示。如在数控机床上进行镗孔、钻孔、攻丝、螺纹等加工时，往往需要重复执行一系列的加工动作，且动作循环已典型化。这些典型的动作可以预先编好程序并存储在内存中，需要时可用固定循环的 G 指令进行调用，从而简化编程工作。不同数控系统所具有的固定循环指令各不相同，编程时应严格按照使用说明书的要求编写，华中数控系统的 G73～G89 指令表示孔加工固定循环。

### 1.3.1 固定循环指令的基本动作和格式

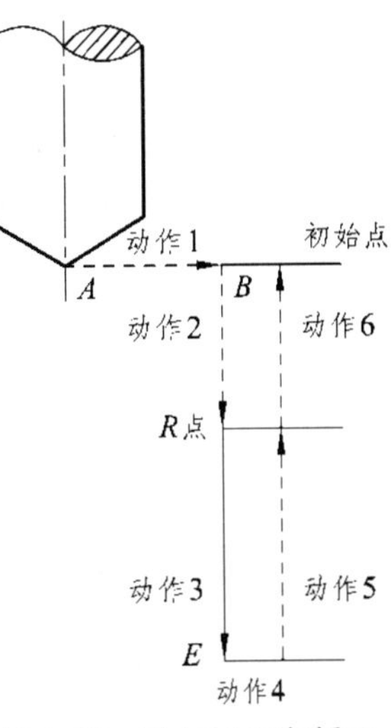

图 1.18 孔加工固定循环

孔加工固定循环通常由以下 6 个动作组成，如图 1.18 所示。

① *A*→*B* 刀具快速定位到孔加工循环起始点 *B*（*X*，*Y*）；

② *B*→*R* 刀具沿 *Z* 方向快速运动到参考平面 *R*；

③ $R \to E$　孔加工过程（如钻孔、镗孔、攻螺纹等）；

④ $E$ 点　孔底动作（如进给暂停、主轴停止、主轴准停、刀具偏移等）；

⑤ $E \to R$　刀具退回到参考平面 $R$；

⑥ $R \to B$　刀具快速退回到初始平面 $B$。

其中，初始点所在的位置平面称为初始平面，初始平面是为安全下刀而规定的一个平面。初始平面到零件表面的距离可以任意设定在一个安全的高度上，当使用同一把刀具加工若干孔时，只有孔间存在障碍需要跳跃或全部孔加工完成时，才使用 G98 功能指令使刀具返回到初始平面上的初始点。

$R$ 点平面又叫作 R 参考平面，这个平面是刀具下刀时由快进转为工进的位置平面。使用 G99 功能指令时，刀具将返回到该平面上的 $R$ 点。R 参考平面必须设置在工件加工表面的上方（G87 指令除外），距工件加工表面的距离主要考虑工件表面尺寸的变化，一般可取 2 ~ 5 mm。初始平面应高于 $R$ 参考平面。

固定循环的程序段格式如图 1.19 所示。

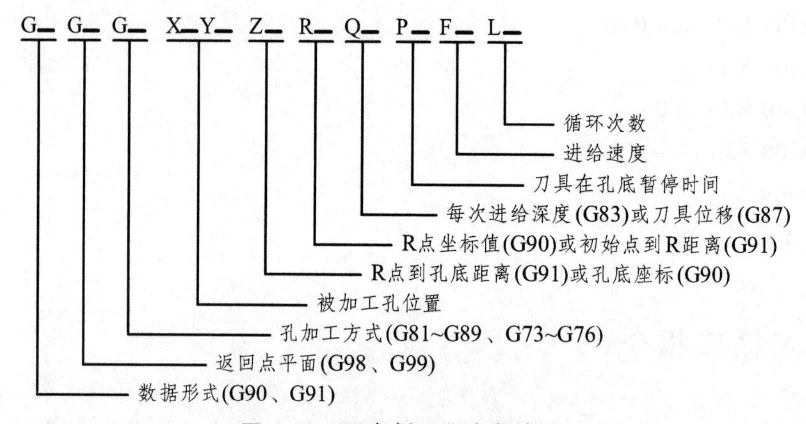


图 1.19　固定循环程序段格式

图中：

① 数据形式：G90（绝对坐标）或 G91（增量坐标）；

② 返回点平面指令：G98 为返回初始平面，G99 为返回 $R$ 点平面；

③ 孔加工方式：根据需要可选择指令 G73 ~ G76、G81 ~ G89 中的任意一个；

④ X、Y：被加工孔的位置坐标；

⑤ Z：在 G90 时为孔底坐标值；在 G91 时为参考点 $R$ 到孔底的 $Z$ 轴增量值；

⑥ R：在 G90 时为 $R$ 点平面的 $Z$ 坐标值；在 G91 时初始点到 $R$ 点的 $Z$ 轴增量值；

⑦ Q：指定每次进给深度（G73、G83 时）或指定刀具的让刀量（G76、G87 时）；

⑧ P：指定刀具在孔底的暂停时间；

⑨ F：切削进给速度；

⑩ L：指定固定循环的次数。如果采用 G90，则是在相同位置重复钻孔；如果采用 G91，则是对等间距孔系进行重复钻孔。

固定循环指令 G73 ~ G76、G81 ~ G89 及其中的 Z、R、P、F、Q 等都是模态指令，一旦被指定后，在加工过程中就保持不变，直到指定其他加工方式（G01 ~ G03 等）或使用取消固定循环的 G80 指令为止。所以，加工同一种孔时，加工方式连续执行，不需要对每个孔重新指定加工方式。因而在使用固定循环功能时，应给出循环孔加工所需要的全部数据。固定循环加工方式指令由 G80 消除，同时，参考点 *R*、*Z* 的值也被取消。在加工盲孔时孔底平面就是孔底的 *Z* 轴高度，加工通孔时一般刀具还要伸出工件底平面一段距离，主要是保证全部孔深都加工到尺寸，钻削加工时还应考虑钻头钻尖对孔深的影响。

孔加工循环与平面选择指令（G17、G18 或 G19）无关，即不管选择了哪个平面，孔加工都是在 *XY* 平面上定位并在 *Z* 轴方向上钻孔。

## 1.3.2　孔加工固定循环指令

1）G81 普通钻孔循环

指令格式：

$$\begin{Bmatrix}\text{G90}\\\text{G91}\end{Bmatrix}\begin{Bmatrix}\text{G98}\\\text{G99}\end{Bmatrix}\text{G81 X\_Y\_Z\_R\_F\_L\_}$$

其动作过程如图 1.20 所示。

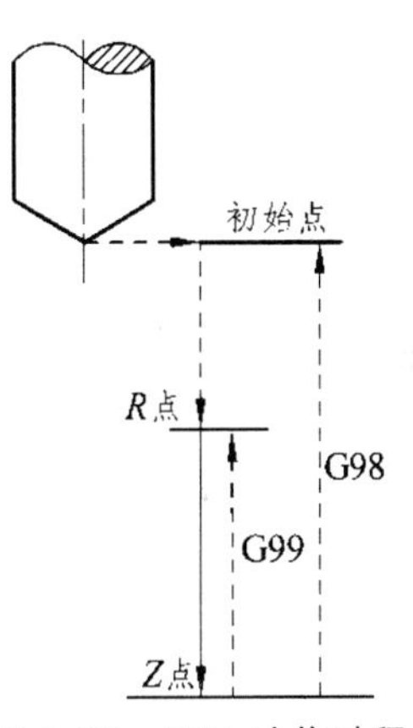


图 1.20　G81 动作过程

① 刀具（如钻头）快速定位到孔加工位置的上方，即孔加工循环起始点（*X*，*Y*）；

② 刀具沿 *Z* 方向快速运动到 *R* 参考平面；

③ 钻孔加工；

④ 刀具快速退回到 *R* 参考平面或初始平面。

G81 钻孔循环主要应用于钻通孔、浅孔。

2）G82 锪孔循环

指令格式：

$$\begin{Bmatrix}\text{G90}\\\text{G91}\end{Bmatrix}\begin{Bmatrix}\text{G98}\\\text{G99}\end{Bmatrix}\text{G82 X\_Y\_Z\_R\_P\_F\_L\_}$$

该指令除了要在孔底暂停外，其他动作与 G81 相同。孔底暂停时间由地址码 P 给出，单位为“s”（华中数控系统）。此指令主要用于锪孔、锪平面、钻孔、镗阶梯孔等，以提高孔底的表面质量。

3）G83 啄式钻孔循环

指令格式：

$$\begin{Bmatrix}\text{G90}\\\text{G91}\end{Bmatrix}\begin{Bmatrix}\text{G98}\\\text{G99}\end{Bmatrix}\text{G83 X\_Y\_Z\_R\_Q\_K\_F\_L\_}$$

其动作过程如图 1.21 所示。

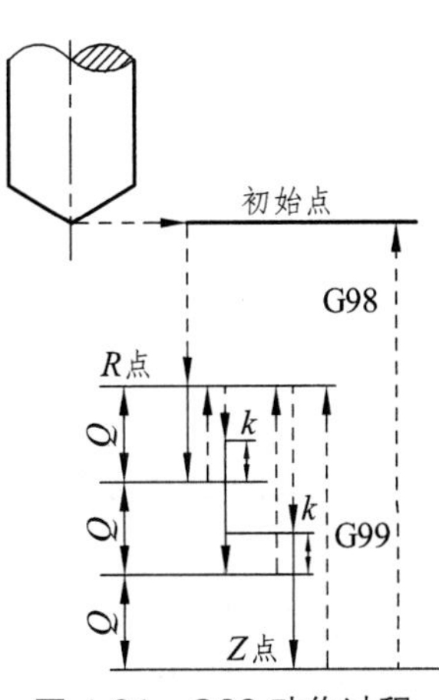


图 1.21　G83 动作过程

① 刀具（如钻头）快速定位到孔加工位置的上方，即孔加工循环起始点（*X*，*Y*）；

② 刀具沿 $Z$ 方向快速运动到 $R$ 参考平面；

③ 钻孔加工，进给深度为 $Q$；

④ 退刀至 $R$，快速进给距上次深度为 $d$ 的高度上（$d$ 由数控系统设定）；

⑤ 重复③、④步直到达到要求的加工深度；

⑥ 刀具快速退回到 $R$ 参考平面或初始平面。

注意：$Q$ 为每次切削深度，$Q$ 为负值；$K$ 为每次退刀后，再次进给时，由快速进给转换为切削进给时距上次加工面的距离，$K$ 为正值，$|Q|>K$。G83 用于深孔钻削加工，在钻孔时采用间断进给，每次退刀退到 $R$ 平面，有利于断屑、排屑和刀具冷却。

用 G83 指令钻孔的特点：断屑、排屑和刀具冷却好，但加工中空行程长、效率低。

4）G73 深孔高速钻削循环

G73 的指令格式和参数意义与 G83 完全相同，但加工动作有所不同，其不同之处在于每次加工后退刀时，不是退到 $R$ 平面或初始平面，其退刀量为 $K$，该值由程序设定，动作过程如图 1.22 所示。

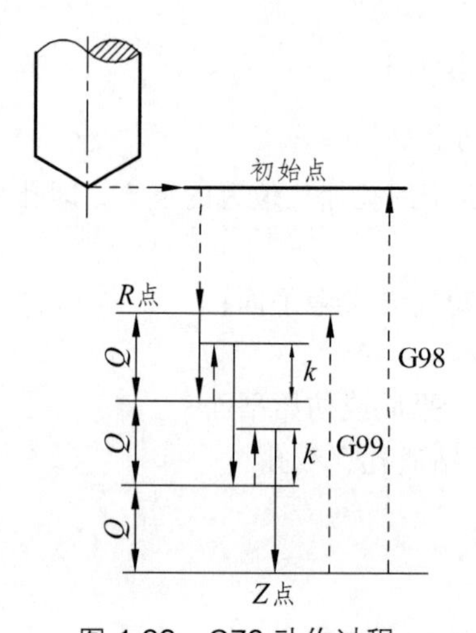


图 1.22　G73 动作过程

指令格式：

$\begin{Bmatrix} G90 \\ G91 \end{Bmatrix} \begin{Bmatrix} G98 \\ G99 \end{Bmatrix}$ G73 X_Y_Z_R_Q_K_F_L_

注意：$Q$ 为每次切削深度，为负值；$K$ 为每次退刀量，为正值，且 $|Q|>K$。G83 用于深孔钻削加工，在钻孔时采用间断进给，有利于断屑和排屑。

G73 深孔高速钻削循环的特点：加工中空行程段，加工效率高，但刀具冷却、排屑比用 G83 指令加工差。

5）G84 攻螺纹循环（右旋）

指令格式：

$\begin{Bmatrix} G94 \\ G95 \end{Bmatrix} \begin{Bmatrix} G98 \\ G99 \end{Bmatrix}$ G84 X_Y_Z_R_P_F_L_

G84 指令用于切削右旋螺纹孔。向下切削时主轴正转，孔底动作是变正转为反转，再退出。$F$ 的速度值与螺纹导程成严格的比例关系，即采用 G94 指令时，$F$ 等于主轴转速乘以螺纹的导程；采用 G95 时，$F$ 等于螺纹的导程。在 G84 切削螺纹期间速率修正无效，移动将不会中途停顿，直到循环结束。

G84 右旋螺纹加工循环工作过程如图 1.23 所示。

① 主轴正转，丝锥快速定位到螺纹加工位置的上方，即加工循环起始点（$X$，$Y$）；

② 丝锥沿 $Z$ 方向快速运动到 $R$ 参考平面；

③ 攻螺纹；

④ 主轴反转，丝锥以进给速度反转退回到 $R$ 参考平面，主轴变为正转；

⑤ 若采用 G98 指令，则丝锥从 $R$ 参考平面快速退回到初始平面。

6）G74 攻螺纹循环（左旋）。

指令格式：

$\begin{Bmatrix} \text{G94} \\ \text{G95} \end{Bmatrix} \begin{Bmatrix} \text{G98} \\ \text{G99} \end{Bmatrix}$ G74 X_Y_Z_R_P_F_L_

G74 指令用于切削左旋螺纹孔。主轴反转进刀，正转退刀，正好与 G84 指令中的主轴转向相反，其他运动均与 G84 指令相同，如图 1.24 所示。F 的速度值也应与螺纹导程成严格的比例关系。

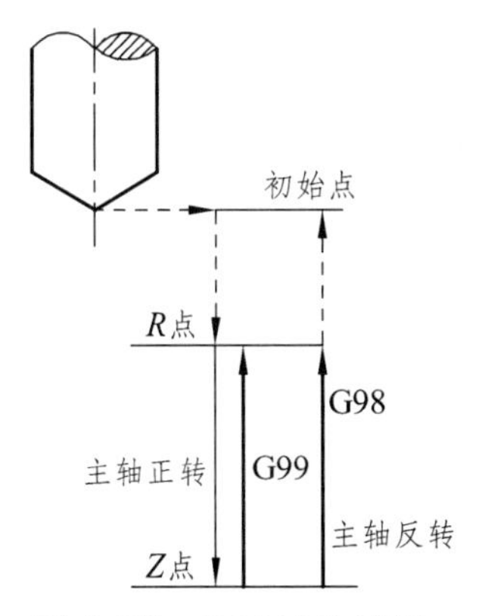

图 1.23　G84 动作过程

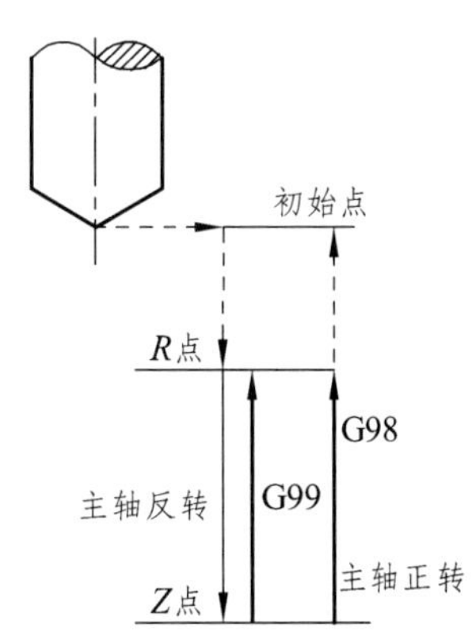

图 1.24　G74 动作过程

7）G76 精镗孔循环

指令格式：

$\begin{Bmatrix} \text{G90} \\ \text{G91} \end{Bmatrix} \begin{Bmatrix} \text{G98} \\ \text{G99} \end{Bmatrix}$ G76 X_Y_Z_R_Q_P_F_L_

其动作过程如图 1.25 所示。

① 镗刀快速定位到镗孔加工位置的上方，即加工循环起始点（$X$，$Y$）；

② 镗刀沿 $Z$ 方向快速运动到 $R$ 参考平面；

③ 镗孔加工；

④ 进给暂停，主轴准停，刀具沿刀尖的反向偏移 $Q$；

⑤ 镗刀快速退回到 $R$ 参考平面或初始平面。

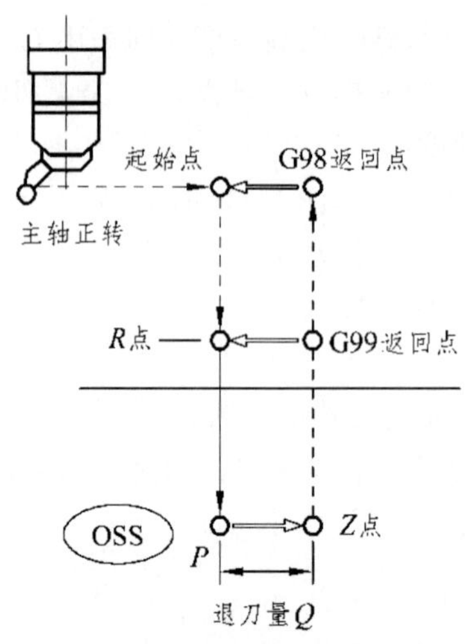


图 1.25　G76 动作过程

G76 指令用于精镗孔加工。镗削至孔底时，主轴停止在定向位置上，即准停，再使刀尖偏移离开加工表面，然后再退刀。这样可以高精度、高效率地完成孔加工而不损伤工件已加工表面。程序格式中，*Q* 表示刀尖的偏移量，一般为正数，移动方向由机床参数设定，*P* 为刀具在孔底暂停的时间，单位为“ms”。图中 OSS 是指主轴准停。

8）G85 镗孔（铰孔）循环。

指令格式：

$$\begin{Bmatrix} G90 \\ G91 \end{Bmatrix} \begin{Bmatrix} G98 \\ G99 \end{Bmatrix} G85\ X\_Y\_Z\_R\_F\_L\_$$

G85 的参数意义同 G81。镗刀（铰孔）到达孔底后以进给速度退回到参考平面 *R* 或初始平面，其动作过程如图 1.26 所示。

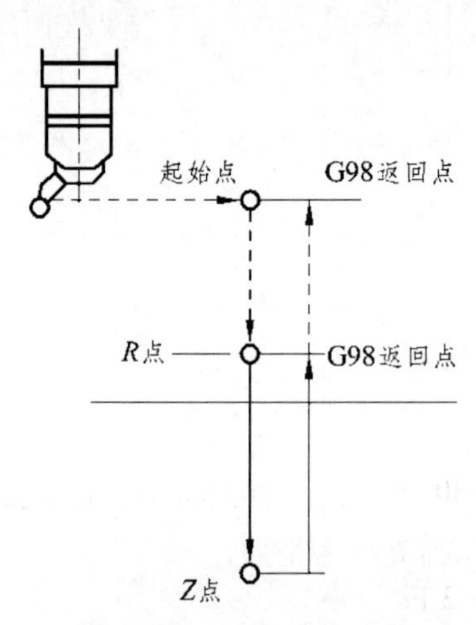


图 1.26　G85 动作过程

① 镗刀（铰刀）快速定位到镗（铰）孔加工位置的上方，即加工循环起始点（*X*，*Y*）；

② 镗刀（铰刀）沿 $Z$ 方向快速运动到 $R$ 参考平面；

③ 镗孔（铰刀）加工；

④ 镗刀（铰刀）以进给速度退回到 $R$ 参考平面或初始平面。

9）G86 粗镗孔加工循环

指令格式：

$$\begin{Bmatrix} G90 \\ G91 \end{Bmatrix} \begin{Bmatrix} G98 \\ G99 \end{Bmatrix} G86\ X\_Y\_Z\_R\_F\_K\_$$

G86 与 G85 的区别是：在到达孔底位置后，主轴停止转动，并快速退出。其他各参数的意义同 G85。

10）G80 固定循环取消

G80 为孔加工循环取消指令，与其他孔加工循环指令成对使用。

## 1.3.3　固定循环编程示例

加工如图 1.27 所示零件的三个通孔。工件上表面作为工件坐标系中的 $Z$ 轴零点，$\phi$40 孔中心为 $X$、$Y$ 原点。使用刀具：$\phi$2 中心钻、$\phi$8 麻花钻、$\phi$25 麻花钻、$\phi$38 麻花钻、$\phi$40 镗刀。

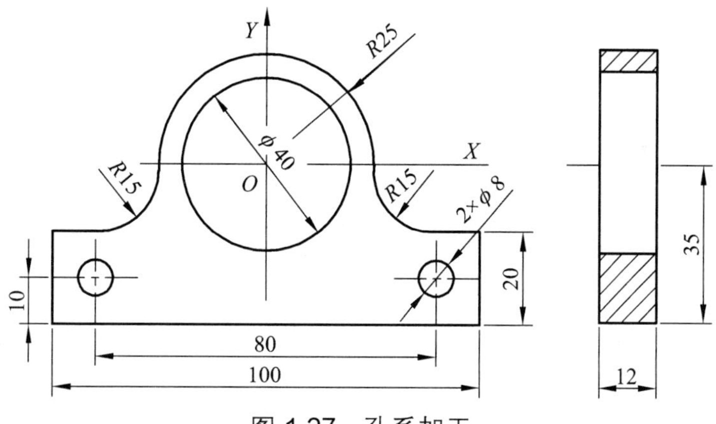


图 1.27　孔系加工

① 加工 2×$\phi$8 孔及$\phi$40 的底孔（采用先钻中心孔，再钻 2 × $\phi$40 及$\phi$40 的底孔）。

加工中心孔程序（采用 G81）：

```
O0015
N10 G54 G00 G90 Z10 S1000 M03
N20 X0 Y0
N30 G98 G81 X0 Y0 Z-2 R3 F50
N40 X-40 Y-25
N50 X40
N80 G80
```

N70 G00 Z80
N80 M02
钻 2×$\phi$8 及$\phi$40 的底孔程序（采用 G83 指令，$\phi$8 麻花钻）:
O0016
N10 G54 G00 G90 Z10 S700 M03
N20 X0 Y0
N30 G98 G83 X0 Y0 Z-16 R3 Q-5 K1 F50
N40 X-40 Y-25
N50 X40
N60 G80
N70 G00 Z80
N80 M02
扩$\phi$40 底孔程序（采用 G73 指令，$\phi$25 麻花钻、$\phi$38 麻花钻）:
O0017
N10 G54 G00 G90 Z10 S500 M03
N20 X0 Y0
N30 G98 G73 X0 Y0 Z-22 R3 Q-5 K1 F40
N40 G80
N50 G00 Z80
N60 M02
② 粗镗、精镗$\phi$40 孔加工。
粗镗程序为
O0018
N10 G54 G00 G90 Z10 S600 M03
N20 X0 Y0
N30 G98 G86 X0 Y0 Z-18 R3 F60
N40 G80
N50 G00 Z80
N60 M02
精镗程序为
O0019
N10 G54 G00 G90 Z10 S800 M03
N20 X0 Y0
N30 G98 G76 X0 Y0 Z-18 R3 Q1 P1 F60
N40 G80
N50 G00 Z80
N60 M02

扫描二维码观看程序运行过程及结果

# 1.4　其他常用编程指令及应用

## 1.4.1　子程序应用：M98、M99

现代 CNC 系统一般都有调用子程序的功能，但子程序调用功能不是标准功能，不同的数控系统所用的指令格式均不相同。

华中数控系统调用子程序指令格式如下：

M98 P_　L_

在编程格式中，M98—调用子程序；P—子程序程序号；L—子程序调用次数；M99—用来结束子程序调用，返回到主程序。

一次装夹加工多个相同零件或一个零件中有几处形状相同、加工轨迹相同时，可使用子程序编程。编制加工两个相同工件的程序，*Z* 轴坐标原点为工件上表面，切深 10 mm，如图 1.28 所示。

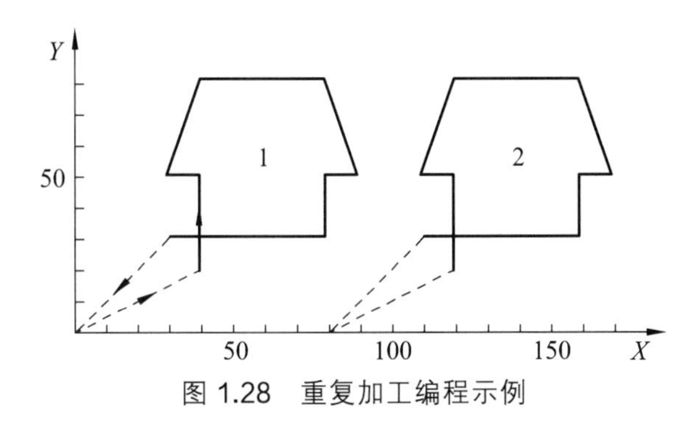


图 1.28　重复加工编程示例

主程序：

O0019

N10 G90 G54 G00 Z50 S800 M03

N20 X0 Y0

N30 M98 P100

N40 G90 G00 X80

N50 M98 P100;

N60 G90 G00 X0 Y0 M05

N70 M02

子程序：

O100

N10 G91 G00 Z-60

N20 G01 G41 X40 Y20 D01 F200

N30 Y30

N40 X-10

N50 X10 Y30
N60 X40
N70 X10 Y-30
N80 X-10
N90 Y-20
N100 X-50
N110 G00 G40 X-30 Y-30
N120 Z60
N130 M99

扫描二维码观看程序运行过程及结果

## 1.4.2　旋转加工指令：G68、G69

指令格式为

G68 X_ Y_ P_　　　　（建立旋转）

…

G69　　　　　　　　　（取消旋转）

式中，X、Y 为旋转中心坐标；P 为旋转的角度，顺时针方向为负，逆时针方向为正；G69 为取消旋转加工指令。

精加工如图 1.29 所示的外轮廓，切削深度为 5 mm。工件坐标系如图 1.29 所示，工件上表面为 *Z* 轴原点，起点为（0，0）。

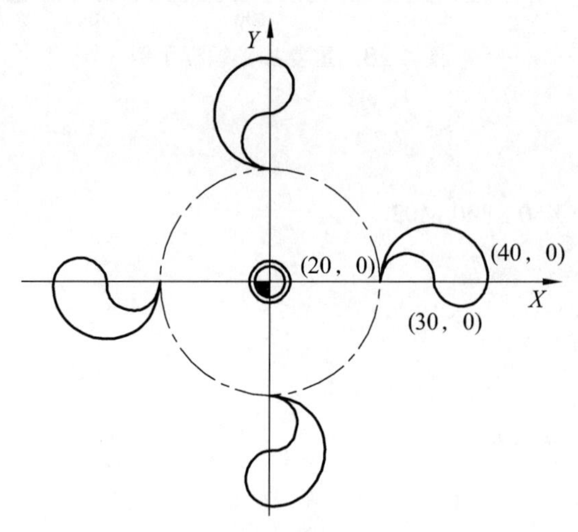


图 1.29　旋转加工

用旋转加工功能 G68 编写的程序如下：

主程序：

O0020

N10 G54 G90 G00 Z50

```
N20 X0 Y0 M03 S800
N30 Z5
N40 G01 Z-5 F200
N50 M98 P0200
N80 G68 X0 Y0 P90
N90 M98 P0200
N100 G68 X0 Y0 P180
N110 M98 P0200
N100 G68 X0 Y0 P270
N130 M98 P020
N150 G69
N160 G00 Z50 M05
N170 M02
子程序：
O0200
N005 G91 G01 G41 X20 Y0 D01 F200
N010 G02 X20 Y0 I10 J0
N015 G02 X-10 Y0 I-5 J0
N020 G03 X-10 Y0 I-5 J0
N025 G01 G40 X-20 Y0
N030 M99
```

扫描二维码观看程序
运行过程及结果

### 1.4.3　镜像加工指令：G24、G25

镜像加工功能又叫轴对称加工功能，是将数控加工轨迹沿某坐标轴做镜像变换而形成加工轴对称零件的加工轨迹。对称轴（或镜像轴）可以是 *X* 轴、*Y* 轴或原点。

指令格式为好事

```
G24　X_ Y_ Z_　（建立镜像）
M98　P_
G25　X_ Y_ Z_　（取消镜像）
```

式中，X、Y、Z 为镜像位置。G24 X0 表示建立 Y 轴镜像，G24 Y0 表示建立 X 轴镜像。

精加工如图 1.30 所示的 4 个三角形凸台轮廓，凸台高度为 5 mm。工件坐标系如图 1.30 所示，工件上表面为工件坐标系 *Z* 轴原点，起刀点在原点。

用镜像加工指令编程如下：

```
主程序：
O0021
N10 G54 G90 G00 Z50
N20 X0 Y0 M03 S800
```

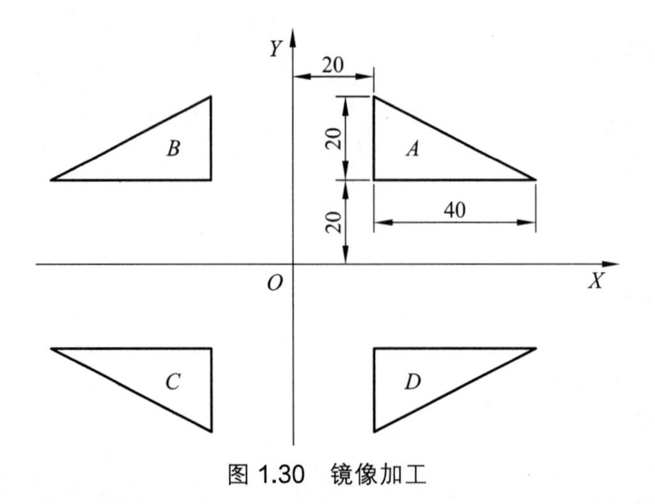


图 1.30　镜像加工

| | |
|---|---|
| N30 Z5 | |
| N40 G01 Z-5 F300 | |
| N50 M98 P200 | 加工 *A* |
| N60 G24 X0 | *Y* 轴镜像，镜像位置为 *X* = 0 |
| N70 M98 P200 | 加工 *B* |
| N80 G24 Y0 | *X*、*Y* 轴镜像，镜像位置为（0，0） |
| N90 M98 P200 | 加工 *C* |
| N100 G25 X0 | *X* 轴镜像继续有效，取消 *Y* 轴镜像 |
| N110 M98 P200 | 加工 *D* |
| N120 G25 Y0 | 取消镜像 |
| N130 G00 Z50 | |
| N140 M02 | |

子程序：

```
O200
N005    G01 G41 X20 Y20 D01 F120
N010    Y40
N015    X60 Y20
N020    X20
N025    G40 X0 Y0
N030    M99
```

扫描二维码观看程序
运行过程及结果

### 1.4.4　缩放加工指令：G51、G50

格式为 G51　X_ Y_ Z_ P_　　　（建立缩放）

M98 P_

G50　　　　　　　　　　　（取消缩放）

式中，G51 为建立缩放；G50 为取消缩放；X、Y、Z 为缩放中心坐标；P 为缩放系数。

G51 既可指定平面缩放，也可指定空间缩放。在 G51 后，运动指令的坐标值以（*X*，*Y*，*Z*）为缩放中心，按 P 规定的缩放比例进行计算。在有刀具补偿的情况下，先进行缩放，然后才进行刀具半径补偿、刀具长度补偿。

G51、G50 为模态指令，可相互注销，G50 为缺省值。

加工如图 1.31 所示长方形台阶轮廓。假设缩放中心为（35，25），缩放系数为 0.5 倍。

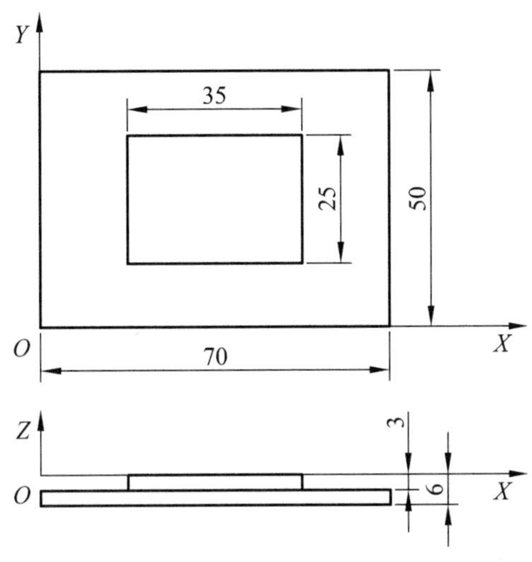


图 1.31　缩放加工

使用缩放功能编制的加工程序为

主程序：

```
O 0022
N10 G90 G54 G00 Z50
N20 X-15 Y-15 S800 M03
N30 Z5
N40 G01 Z-3 F300
N50 G51 X35 Y25 P0.5
N60 M98 P1000
N70 G50
N80 G01 Z-6 F300
N90 M98 P1000
N100 G00 Z50
N110 M02
```

子程序：

```
O1000
N10 G01 G41 X0 Y0 D01 F120
N20 Y50
```

N30 X70
N40 Y0
N50 X0
N50 G40 X-15 Y-15
N60 M99

扫描二维码观看程序运行过程及结果

执行该程序时，机床将自动计算出 35 × 25 长方形的坐标数据，按缩放后的图形进行加工。O1000 为加工 70 × 50 长方形的子程序。

## 1.5 数控铣床实训

### 1.5.1 数控铣床安全操作规程

（1）数控机床操作时不准穿拖鞋、凉鞋、高跟鞋、裙子及有吊带装饰的服装。

（2）严禁戴手套、围巾操作机床。

（3）女同学操作机床时需带帽子或发套。

（4）开机前应检查机床、工作台、导轨及主要滑动面有无障碍物、工具、铁屑、杂质等，检查安全防护、制动、限位和换向等装置是否齐全完好，检查机械、液压、气动等开关和各刀架是否处于非工作状态。

（5）设定的参数需认真核对，编制的程序经校验无误后才能加工。

（6）加工时，快速修调设定为 10%，先“单段”运行，每个程序段运行结束，检查刀具位置是否正确，刀具加工到零件才能转为“自动”加工。

（7）按工艺规定进行加工，不准任意加大进刀量，不准超规范、超负荷、超重量使用机床。

（8）切削过程中，刀具未离开工件不准停车。

（9）不准擅自拆卸机床上的安全防护装置。

（10）密切注意机床的运转情况，有异常情况时应立即停车检查，排除故障后方可继续工作。

（11）严禁多人同时操作机床。

（12）加工完成后，停止机床运转，切断电源、气源，清扫工作现场，打扫机床卫生。

（13）对导轨面、转动和滑动面、定位基准面、工作台面等加油保养。

### 1.5.2 数控铣床（加工中心）基本操作（实训一）

1. 实训目的与要求

（1）了解数控铣床的基本操作；

（2）学习数控系统的基本操作方法。

2. 实训仪器与设备

配 HNC-2lM 铣床数控系统的 ZJK7532A-4 立式数控钻铣床。

扫描二维码观看数控铣床基本的操作方法

3. 相关知识概述

（1）数控机床的组成。

如前所述，数控机床由计算机数控系统和机床本体两部分组成。计算机数控系统主要包括输入/输出设备、CNC 装置、伺服单元、驱动装置和可编程控制器（PLC）等。

（2）ZJK6032A-4 数控铣床的操作。

HNC-21M 数控系统操作面板如图 1.32 所示。

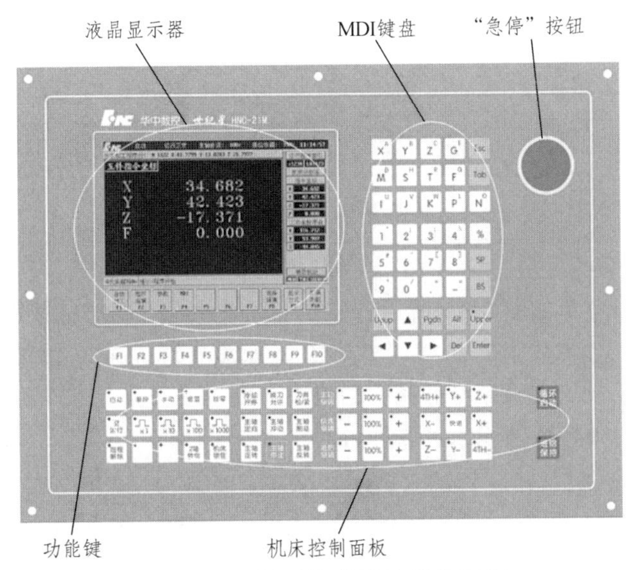


图 1.32　HNC-21M 数控系统操作面板

数控铣床操作步骤：

① 打开机床电源，启动数控系统。

② 松开“急停”按钮，顺时针旋转，按钮将自动弹出，系统复位后，系统进入默认的“手动”模式。

③ 回零。按“回零”按键，再依次按“+Z”“+X”“+Y”，回到零点后，三个按键右上方的指示灯亮；按“手动”，将“进给修调”置于“100%”，再同时按“－X”和“快进”“－Y”和“快进”“－Z”和“快进”将工作台回到机床的中间位置。

④ 程序的输入。按“程序”的对应按键“F1”，出现程序功能子菜单，如图 1.33 所示；按“编辑程序”对应的按键“F2”，按“新建程序”对应的按键“F3”，如图 1.34 所示。在下方“输入新建文件名”处输入一个文件名，如 O1234 等，按“Enter”键确认（如果系统中没有这个文件，则进入了一个全新的编辑界面，如果有，则是打开了 O1234 文件），进入编辑界面后先输入程序号，如 O1234，再按“Enter”键确认换行，接着输入程序段，每段程序均以“Enter”键确认换行。

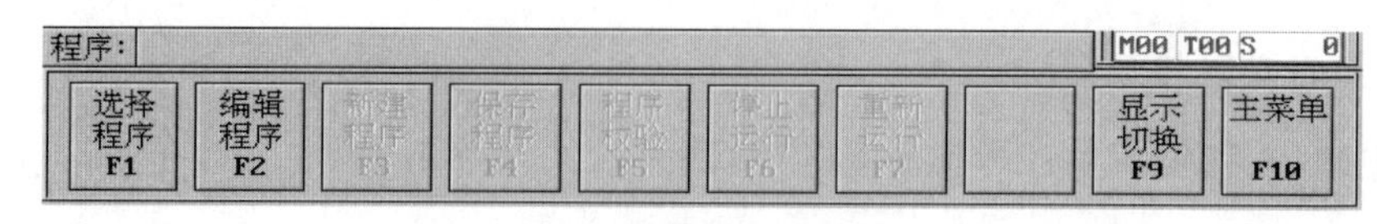


图 1.33　程序功能子菜单

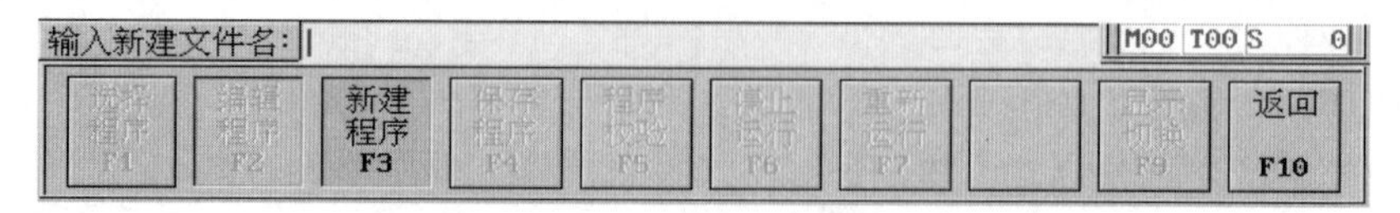


图 1.34　新建程序界面

⑤ 程序保存。输入完成后，按“保存文件”的对应按键“F4”；如果重新输入文件名，则需另存该程序，再按“Enter”键确认。保存成功后在屏幕下方会有“已经成功保存文件”的提示，如图 1.35 所示。

图 1.35　保存程序界面

⑥ 工件坐标系的设定。按“F10”回到“主菜单”界面，再按“设置”的对应按键“F5”，出现的设置功能子菜单如图 1.36 所示。按“坐标系设定”的对应按键“F1”，看到“自动坐标系 G54”和三个带数字的“X”“Y”“Z”，如图 1.37 所示。用对刀的方法找到我们要设定的工件坐标系原点在机床坐标系中的位置，再将屏幕右上方显示的“机床实际坐标”从下方“坐标值”处将数值输入进去即可。

图 1.36　设置功能子菜单

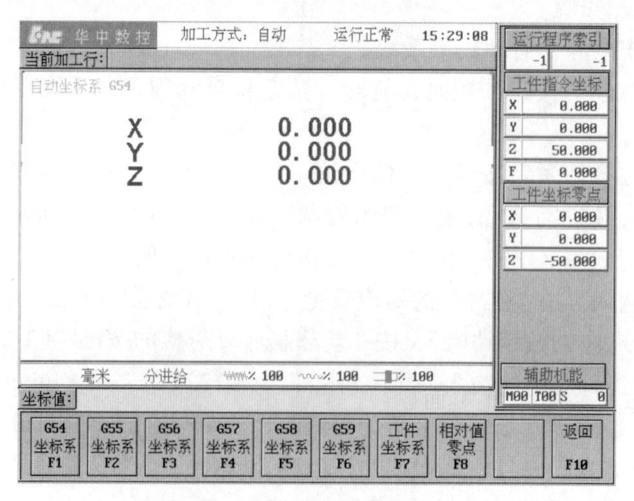


图 1.37　坐标系设置界面图

⑦ 刀具半径补偿值的设定。按“F10”回到“主菜单”界面，再按下“刀具补偿”的对应按键“F4”，出现刀具补偿功能子菜单，如图 1.38 所示。按“刀补表”的对应按键“F2”，打开表格界面，如图 1.39 所示。找到程序中刀具半径补偿号“D”后面数字对应的行，如 D01 对应“#0001”，将蓝色光标移到该行半径处的数字上，按“Enter”键，输入使用刀具的半径值，再按“Enter”键确认。

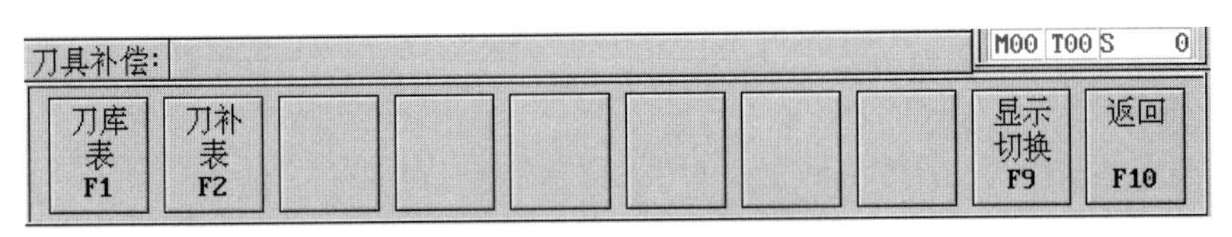


图 1.38　刀具补偿功能子菜单

华中数控　加工方式：自动　运行正常　16:01:51

当前加工行:

刀具表:

| 刀号 | 组号 | 长度 | 半径 | 寿命 | 位置 |
|---|---|---|---|---|---|
| #0001 | 0.000 | 0.000 | 0.000 | 0.000 | 0.000 |
| #0002 | 0.000 | 0.000 | 0.000 | 0.000 | 0.000 |
| #0003 | 0.000 | 0.000 | 0.000 | 0.000 | 0.000 |
| #0004 | 0.000 | 0.000 | 0.000 | 0.000 | 0.000 |
| #0005 | 0.000 | 0.000 | 0.000 | 0.000 | 0.000 |
| #0006 | 0.000 | 0.000 | 0.000 | 0.000 | 0.000 |
| #0007 | 0.000 | 0.000 | 0.000 | 0.000 | 0.000 |
| #0008 | 0.000 | 0.000 | 0.000 | 0.000 | 0.000 |
| #0009 | 0.000 | 0.000 | 0.000 | 0.000 | 0.000 |
| #0010 | 0.000 | 0.000 | 0.000 | 0.000 | 0.000 |
| #0011 | 0.000 | 0.000 | 0.000 | 0.000 | 0.000 |
| #0012 | 0.000 | 0.000 | 0.000 | 0.000 | 0.000 |
| #0013 | 0.000 | 0.000 | 0.000 | 0.000 | 0.000 |

毫米　分进给　% 100　% 100　% 32

运行程序索引　-1　-1

机床指令坐标　X 0.000　Y 0.000　Z 0.000　F 0.000

工件坐标零点　X 0.000　Y 0.000　Z 0.000

辅助机能　M00 T00 S 0

刀具表编辑

刀库表 F1　刀补表 F2　显示切换 F9　返回 F10

图 1.39　刀补表的修改

⑧ 程序校验。按“F10”回到“主菜单”界面，然后按“程序”的对应按键“F1”，再按“程序校验”的对应按键“F5”，最后按下操作面板上的“自动”按键，界面如图 1.40 所示。按下右下位置的“循环启动”，如果要观察刀具中心运行轨迹，再按“显示切换”的对应按键“F9”，即可切换成“图形显示”“坐标显示”“程序显示”等显示界面，如图 1.41 所示。

⑨ 程序运行。按下操作面板上的“单段”，再按“循环启动”逐行运行程序，直到刀具安全降到加工深度，平稳切入工件后，再依次按下操作面板上的“自动”和“循环启动”按键，让程序自动运行，直到结束。

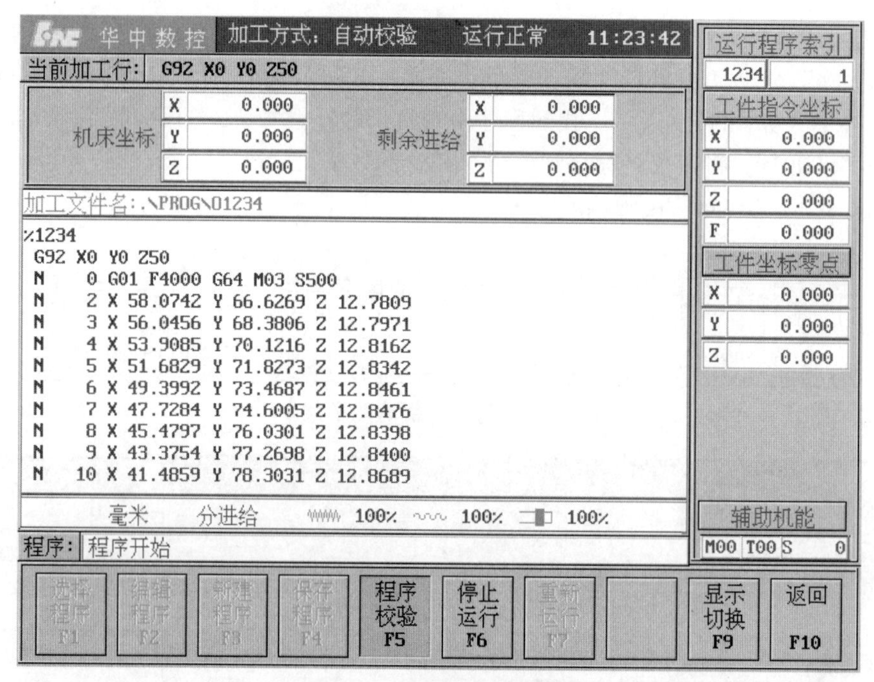


图 1.40　程序校验运行界面

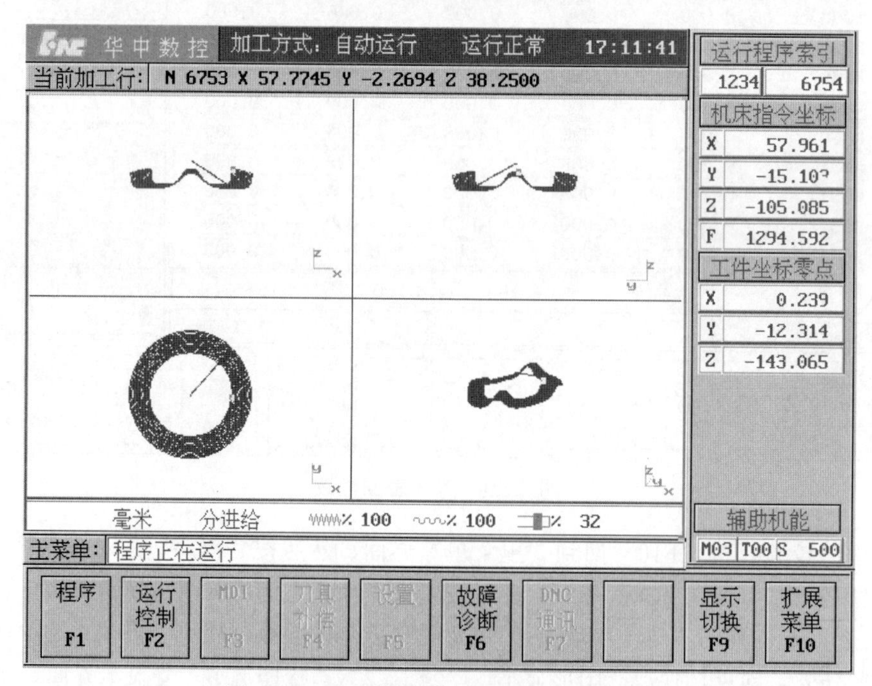


图 1.41　刀具轨迹的三视图及三维视图

⑩ 程序运行中止。按下“进给保持”键，程序执行暂停；再按“循环启动”，程序又可以继续运行。若要停止程序的运行，按下“停止运行”的对应按键“F6”，屏幕下方出现“已暂停运行，是否取消当前运行程序 Y/N [Y]”，按下“Enter”键确认即停止程序的运

行。如果是操作失误，需要立刻中止程序运行，可按下“急停”按钮。

4. 实训内容

（1）现场了解数控机床的组成及功能。

（2）接通电源，启动系统，进行手动“回零”“点动”“步进”操作。

（3）用 MDI 功能控制机床运行（程序指令：G91 X-10 Y-10 Z-20），观察程序轨迹及机床的坐标变化。

（4）在数控铣床系统中输入以下程序（见表 1.3），进行程序校验和仿真加工。

表 1.3　实际输入程序

| 示例图 | 程　序 |
| --- | --- |
| 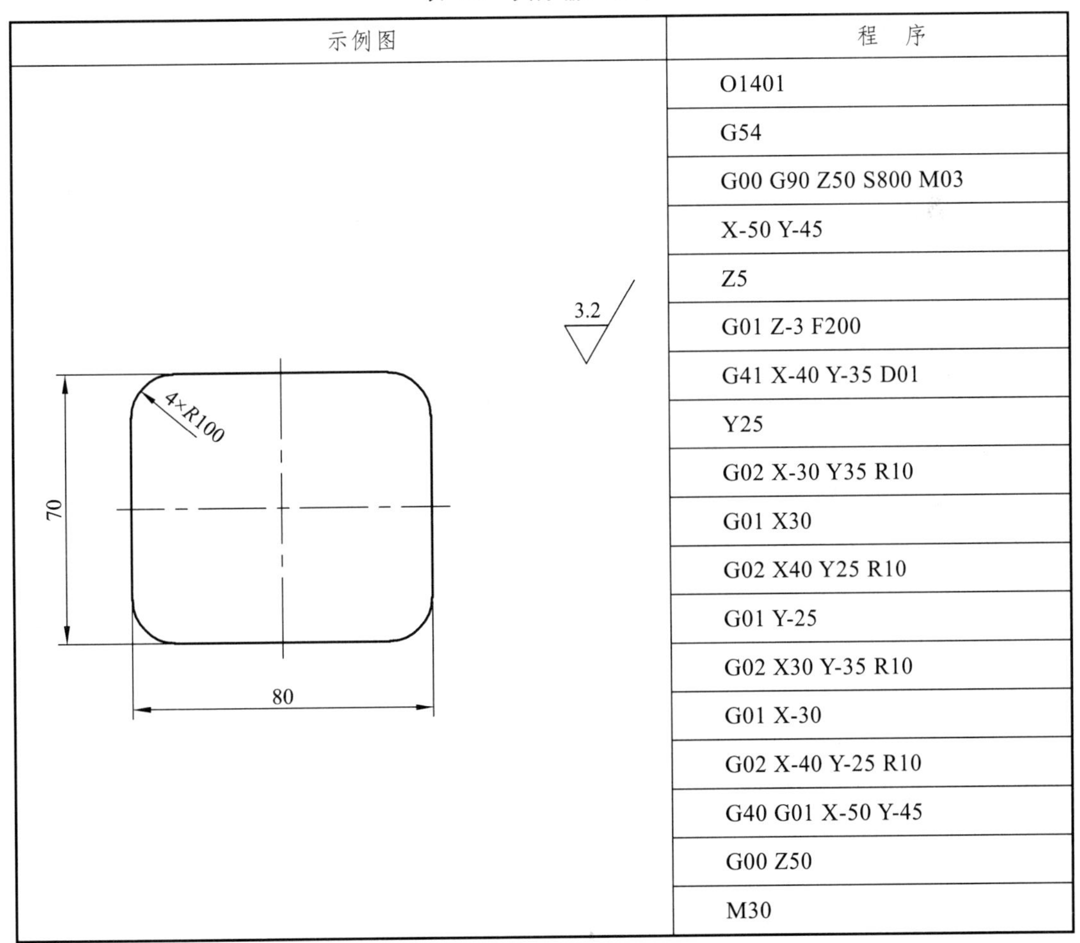 | O1401 |
| | G54 |
| | G00 G90 Z50 S800 M03 |
| | X-50 Y-45 |
| | Z5 |
| | G01 Z-3 F200 |
| | G41 X-40 Y-35 D01 |
| | Y25 |
| | G02 X-30 Y35 R10 |
| | G01 X30 |
| | G02 X40 Y25 R10 |
| | G01 Y-25 |
| | G02 X30 Y-35 R10 |
| | G01 X-30 |
| | G02 X-40 Y-25 R10 |
| | G40 G01 X-50 Y-45 |
| | G00 Z50 |
| | M30 |

5. 实训总结

数控机床具有加工精度高、能做直线和圆弧插补以及在加工过程中能进行多轴联动等功能。数控车床和数控铣床是数控加工中最常用的数控机床。数控车床主要用于回转体类零件的加工，能自动完成内（外）圆柱体、圆锥体及母线为各种曲线的旋转体、螺纹等工序的切削加工，并能进行切槽及钻、扩、铰孔等工作。数控铣床主要用于各类较复杂的平面、曲面和壳体类零件的加工。它还能进行铣槽及钻、扩、铰、镗孔等工作。

对刀的准确程度将直接影响加工精度，因此，对刀操作一定要仔细，对刀方法一定要与零件加工精度要求相适应。当零件加工精度要求高时，可采用千分表找正对刀，使刀位点与对刀点一致（一致性好，即对刀精度高）。用这种方法对刀，每次需要的时间长，效率较低。目前，很多数控机床采用了光学或电子装置等新方法来减少工时和提高精度。对刀时一般以机床主轴轴线与端面的交点（主轴中心）为刀位点，因此，无论采用哪种工具对刀，结果都是使机床主轴轴线与端面的交点与对刀点重合，利用机床的坐标显示确定对刀点在机床坐标系中的位置，从而确定工件坐标系在机床坐标系中的位置。

6. 思考题

（1）数控机床由哪几部分组成？

（2）为什么每次启动系统后要进行“回零”操作？

（3）在执行程序段“G91 X-10 Y-20”的过程中，机床进给速度应设为多少？为什么？

（4）请绘出运行程序的仿真轨迹，并标出轨迹各段所对应的程序段号。

### 1.5.3 简单轮廓加工（实训二）

1. 实训目的与要求

（1）了解数控铣床加工程序的基本结构。

（2）学习数控加工中点位控制和直线插补功能的编程与加工。

（3）了解加工零件的对刀操作。

2. 实训仪器与设备

（1）配备华中世纪星（HNC-21M）数控系统 ZJK7532A-4 立式钻铣床。

（2）木材（长 × 宽）：75 mm × 75 mm。

（3）立铣刀（$\phi 8$）1 把。

3. 相关知识概述

轮廓一般是由直线、圆弧或曲线首尾相连构成的二维形状，尺寸精度较高，形状也较为复杂。编写程序时要进行轮廓节点的计算，节点可以通过手工计算或利用计算机绘图软件来进行计算。选择刀具时，刀具半径不得大于轮廓上凹圆弧的最小半径。

在轮廓加工编程时，一般需要进行轮廓的粗加工和精加工，粗加工时尽量选用直径较大的铣刀进行铣削，以便于将轮廓周围的多余材料快速去除；精加工时，在保证加工精度的情况下，尽量选用刀具半径接近于轮廓上凹圆弧最小半径的铣刀。在深度方向上，可以根据需要分层加工，为了简化程序，可以将轮廓加工编成子程序。

对于圆弧轮廓加工，要注意安排好刀具的切入切出，应尽量避免在交接处产生接刀痕迹。即尽量在轮廓的延长线上或者是采用切向的切入切出，避免在轮廓法向切入切出。

4. 实　例

加工如图 1.42 所示零件，要求加工出图纸中的外轮廓，加工深度为 4 mm。

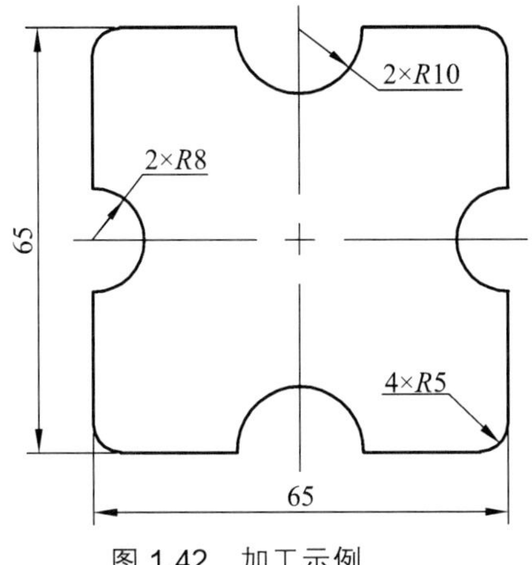


图 1.42　加工示例

（1）工艺分析。

从图 1.42 中可以看到轮廓主要由直线和圆弧组成，只要求加工出轮廓，工件的装夹采用平口钳装夹，加工刀具和切削参数见表 1.4。将工件坐标系 *X*、*Y* 原点建立在工件对称中心处，*Z* 轴零点设在工件上表面上，利用试切法对刀。

（2）切削参数选择（见表 1.4）。

表 1.4　各工序刀具的切削参数

| 加工工序 | 刀具类型 | 主轴转速/（r/min） | 进给速度/（mm/min） |
|---|---|---|---|
| 铣削轮廓 | $\phi$8 立铣刀 | 800 | 200 |

（3）程序编制。

| | |
|---|---|
| O1402 | 程序号 |
| N10 G54 | 建立工件坐标系 |
| N20 G00 G90 Z50 S800 M03 | 绝对编程，Z 向快速定位，主轴正转，转速 800 r/min |
| N30 X-40 Y-40 | X、Y 向快速定位到下刀位置 |
| N40 Z5 | |
| N50 G01 Z-4 F200 | 下刀 |
| N60 X-37 | 去余料加工开始 |
| N60 Y0 | |
| N70 X-30 | |
| N80 X-37 | |
| N90 Y37 | |
| N100 X0 | |
| N110 Y30 | |

```
N120 Y37
N130 X37
N140 Y0
N150 X30
N160 X37
N170 Y-37
N180 X0
N190 Y-30
N200 Y-37
N210 X-37
N220 G41 X-32.5 Y-32.5 D01          建立左刀补，轮廓加工开始，D01 = 4
N230 Y-8
N240 G03 Y8 R8
N250 G01 Y27.5
N260 G02 X-27.5 Y32.5 R5
N270 G01 X-10
N280 G03 X10 R10
N290 G01 X27.5
N300 G02 X32.5 Y27.5 R5
N310 G01 Y8
N320 G03 Y-8 R8
N330 G01 Y-27.5
N340 G02 X27.5 Y-32.5 R5
N350 G01 X10
N360 G03 X-10 R10
N370 G01 X-27.5
N380 G02 X-32.5 Y-27.5 R5
N390 G03 X-37.5 Y-22.5 R5               切线退刀
N400 G01 G40 Y-40                       取消刀具半径补偿
N410 G00 Z50                            抬刀
N420 M30                                程序结束
```

5. 实训内容

（1）编制加工如图 1.43 所示零件的程序。机床操作、加工，加工刀具为直径$\phi$8 mm 的键槽铣刀，加工深度为 3 mm。

（2）编制加工如图 1.44 所示零件的程序。机床操作、加工，加工刀具为直径$\phi$8 mm 的键槽铣刀，加工深度为 3 mm。

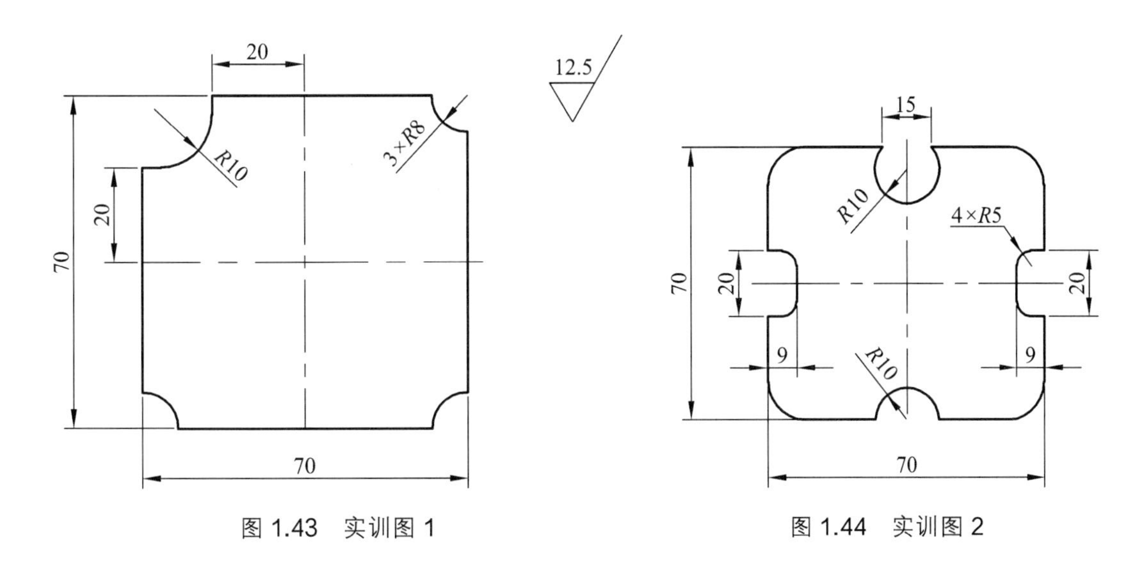


图 1.43　实训图 1　　　　图 1.44　实训图 2

6. 实训总结

编制加工程序是在分析消化零件图纸和工艺文件等技术文件的基础之后进行的。编写程序时要依据工艺文件确定的加工方法、加工路线和切削用量等工艺参数和零件图，算出编程所需数据，如零件形状各几何尺寸的坐标数值等，结合机床所配数控系统，按照加工过程的要求，选择适当的指令逐步编写程序，程序一定要按照程序结构要求编写。

7. 思考题

（1）简述本节零件的加工设备（设备名称、型号、加工能力）。

（2）简述本节零件的加工过程（零件图二刀具运行轨迹、加工程序及过程概述）。

（3）为什么在加工零件前必须进行对刀操作？

（4）叙述本实验参考程序中各程序段的含义。

### 1.5.4　台阶面加工（实训三）

1. 实训目的与要求

（1）了解数控铣床的切削控制机理。

（2）学习数控加工编程中的数值计算方法。

（3）学习数控加工编程中刀具半径补偿功能。

2. 实训仪器与设备

（1）配备华中世纪星（HNC-21M）数控系统的 ZJK7532A-4 立式钻铣床。

（2）木材（长×宽）：75 mm×75 mm。

（3）立铣刀（$\phi 8$）1 把。

3. 相关知识概述

数控加工程序是根据零件轮廓编制的，刀具在加工过程中根据程序进行移动。

刀具移动的轨迹是根据零件图按照已经确定的加工工艺、加工路线和允许的加工误差计算出来的。数控加工编程中的数值计算主要用于手工编程时的轮廓加工。

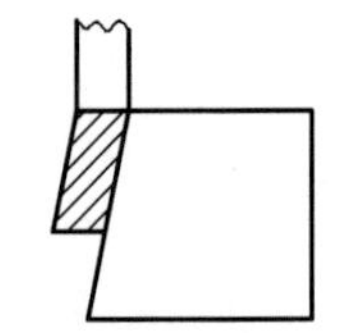

图 1.45 刀具加工时示意图

为提高生产率而采用大切削用量时，需要刚性好的刀具，刚性差的刀具在大切削用量时很容易断刀。要保证被加工表面的形状精度，用刚性差的刀具在大切削力的作用下，会产生变形而形成“让刀”，使加工的型面出现斜面，如图 1.45 所示。

当被加工表面各处余量不一样时，可用普通铣床多次进给解决问题，而数控铣床则需要计算切除余量时刀具的运动轨迹，根据刀具轨迹编写切除余量的加工程序。

台阶面加工编程时，要考虑各种因素，宜从上而下编程，这样有利于提高刀具的使用寿命。台阶上的轮廓采用刀具半径补偿时，每个台阶轮廓的刀具半径补偿独立使用。

4. 实训内容

（1）编制加工如图 1.46 所示零件的程序。机床操作、加工，加工刀具为直径$\phi$8 mm 的键槽铣刀。

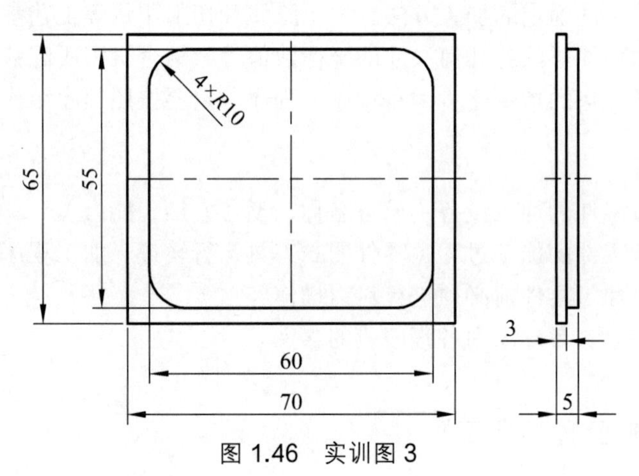


图 1.46 实训图 3

（2）编制加工如图 1.47 所示的零件程序。机床操作、加工，加工刀具为直径$\phi$8 mm 的键槽铣刀。

5. 实训总结

对于简单台阶面的加工，一般在编程时考虑从上至下、从外向里的走刀路线编写加工程序。如果刀具直径较小，应先切除多余材料后再进行轮廓的精加工。

6. 思考题

（1）简述本节的零件加工过程（零件图、刀具运行轨迹、加工程序及过程概述）。

（2）刀具半径补偿指令有几种？其含义是什么？

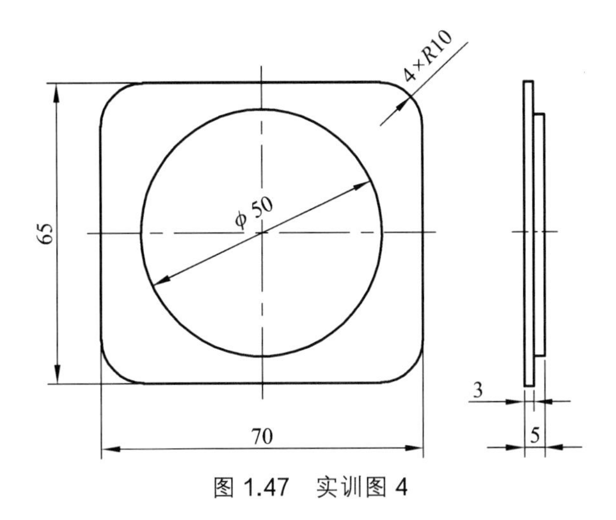


图 1.47　实训图 4

（3）绘出本实验零件加工程序中刀具的中心轨迹，并标出轨迹各段对应的程序段号。

### 1.5.5　内腔加工（实训四）

1. 实训目的与要求

（1）了解数控铣床的切削控制机理。

（2）掌握内腔加工编程中的数值计算方法。

（3）掌握内腔加工的编程方法。

2. 实训仪器与设备

（1）配备华中世纪星（HNC-21M）数控系统的 ZJK7532A-4 立式钻铣床。

（2）木材（长×宽）：75 mm×75 mm。

（3）立铣刀（$\phi$8）1 把。

3. 相关知识概述

内腔加工一般采用平底铣刀分两步加工：第一步为切除内腔中间的材料；第二步为加工内腔轮廓，加工轮廓时，刀具的半径应小于内腔圆弧半径。内腔的加工一般采用 3 种走刀路线，如图 1.48 所示。就走刀路线长度而言，图（b）最长，图（a）最短。但是按图（a）所示的路线走刀，加工出的内腔轮廓表面粗糙度最差，适用于粗加工。综合比较 3 种走刀路线可知，图（c）是最佳走刀路线。

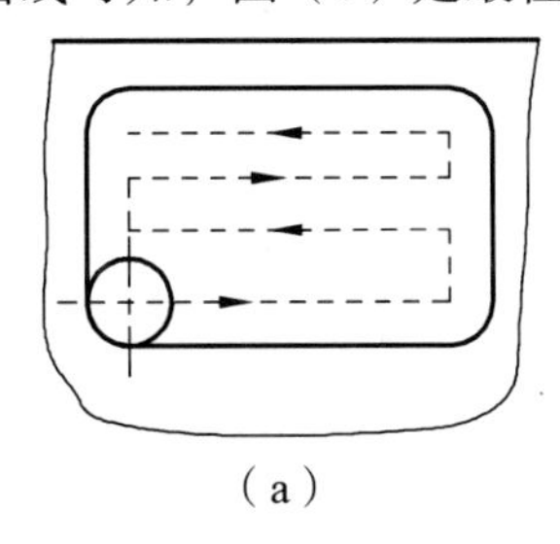

（a）

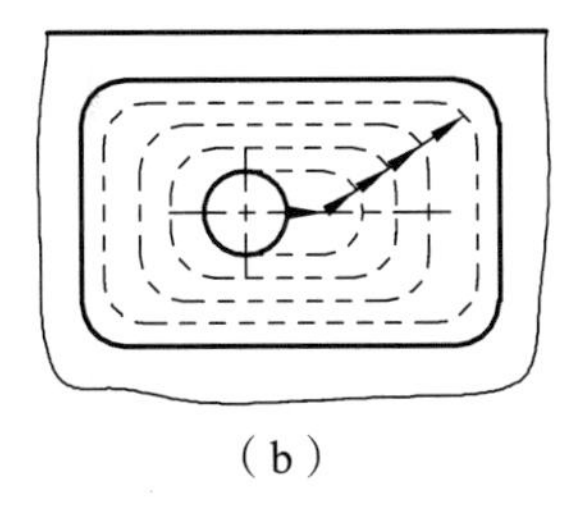

（b）

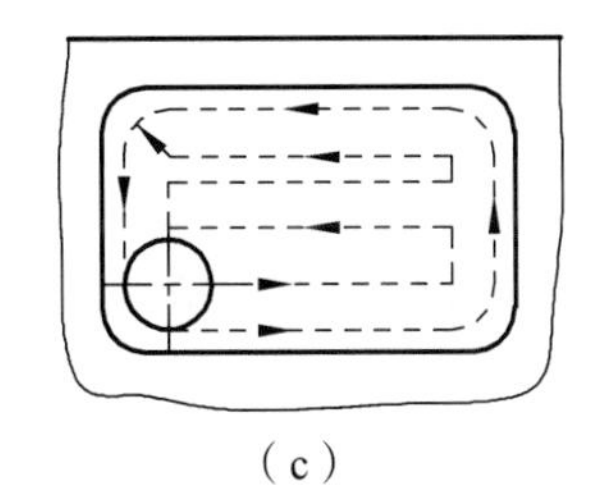

（c）

图 1.48　腔体走刀示意图

内腔加工的下刀方式一般有垂直下刀、斜线下刀和螺旋下刀 3 种。采用斜线下刀和螺旋下刀方式时，要注意刀具边缘不能和内腔轮廓发生过切现象。

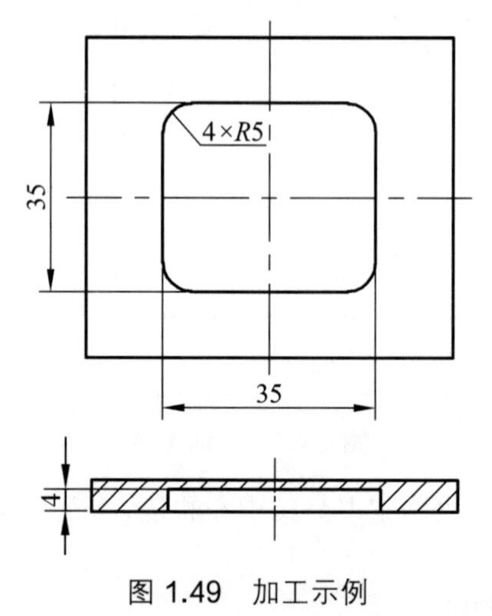


图 1.49　加工示例

4. 实　例

加工如图 1.49 所示的形状，外轮廓已经精加工，只加工内腔，深度为 4 mm。

（1）工艺分析。

由于工件外轮廓已经加工，所以工件的装夹采用平口钳装夹，夹持工件外轮廓。加工刀具切削用量见表 1.5。将工件坐标系 *X*、*Y* 原点建立在工件上表面对称中心处，*Z* 轴零点设在工件上表面上。利用试切对刀法找正工件的 *X*、*Y*、*Z* 轴零点（位于工件上表面的中心处）。加工时采用斜线下刀，内腔加工采用如图 1.48（c）所示的走刀路线。

（2）切削参数选择（见表 1.5）。

表 1.5　各工序刀具的切削参数

| 加工工序 | 刀具类型 | 主轴转速（r/min） | 进给速度（mm/min） |
|---|---|---|---|
| 铣削内腔 | $\phi$8 立铣刀 | 800 | 200 |

（3）程序编制。

| | |
|---|---|
| O1404 | 程序号 |
| N10 G54 | 建立工件坐标系 |
| N20 G00 G90 Z50 S800 M03 | 绝对编程，Z 向快速定位，主轴正转，转速 800 r/min |
| N30 X-12 Y0 | |
| N40 Z5 | |
| N50 G01 Z0 F200 | |
| N60 X12 Z-2 | 斜线下刀开始 |
| N70 X-12 Z-4 | |
| N80 X12 | 切除余料开始 |

```
N90 Y-7
N100 X-12
N110 Y-2
N120 X12
N130 Y2
N140 X-12
N150 Y7
N160 X12
N170 Y12
N180 X-12
N190 G41 X-17.5 Y 12.5 D01          建立刀补，轮廓加工开始
N200 Y-12.5
N210 G03 X-12.5 Y-17.5 R5
N220 G01 X12.5
N230 G03 X17.5 Y-12.5 R5
N240 G01 Y12.5
N250 G03 X12.5 Y17.5 R5
N260 G01 X-12.5
N270 G03 X-17.5 Y12.5 R5
N280 G40 G01 X-10                   取消刀补
N290 G00 Z50                        抬刀
N300 M30                            程序结束
```

5. 实训内容

（1）编制加工如图 1.50 所示零件的程序。机床操作、加工，加工刀具为直径$\phi$8 mm 的键槽铣刀，加工深度为 3 mm。

（2）编制加工如图 1.51 所示零件的程序。机床操作、加工，加工刀具为直径$\phi$8 mm 的键槽铣刀。

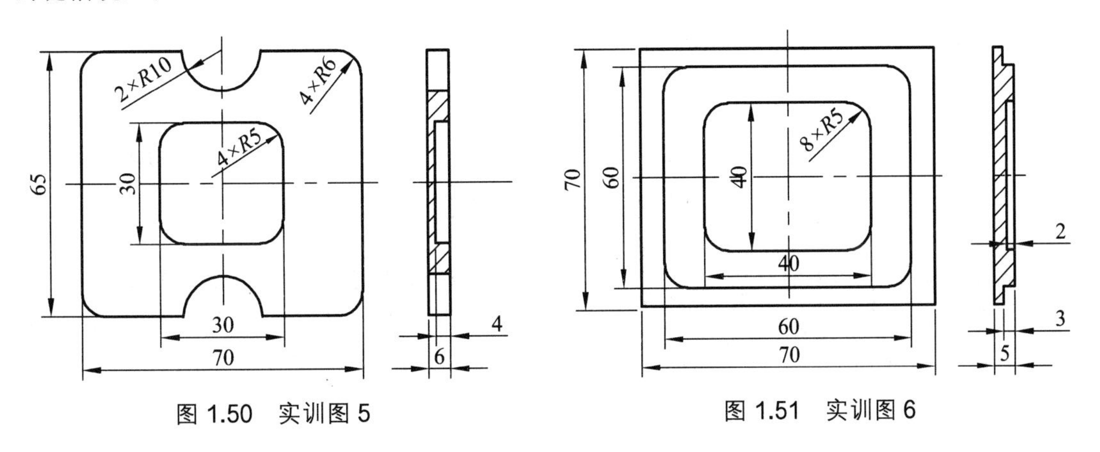


图 1.50　实训图 5　　　　图 1.51　实训图 6

6. 思考题

（1）简述本节零件的加工过程（零件图、刀具运行轨迹、加工程序及过程概述）。

（2）内腔加工要注意什么？

（3）请绘出本实验零件加工程序中刀具的中心轨迹，并标出轨迹各段对应的程序段号。

### 1.5.6　轮廓、孔系加工（实训五）

1. 实训目的与要求

通过对轮廓、孔系的加工，进一步熟悉和掌握数控系统常用指令的编程与加工工艺，加深对数控铣床工作原理的了解。

2. 实训仪器与设备

（1）配备华中世纪星（HNC-21M）数控系统的 ZJK7532A-4 立式钻铣床。

（2）毛坯一件（材料为木材），75 mm×75 mm。

（3）$\phi$8 立铣刀 1 把，$\phi$2 中心钻 1 支，$\phi$6.8 麻花钻 1 支，M8 丝锥 1 支。

3. 相关知识概述

数控铣或加工中心上加工孔的方法比较多，有钻削、扩削、铰削和镗削等。

对于直径大于$\phi$30 mm 的已铸出或锻出的毛坯孔的加工，通常采用粗镗→半精镗→孔口倒角→精镗的加工方案。孔径较大的可采用立铣刀粗铣→精铣加工方案。内孔有环槽时，可在半精镗之后、精加工之前用锯片铣刀铣削加工，也可用镗刀进行单刀镗削，但单刀镗削效率较低。

对于直径小于$\phi$30 mm 的无毛坯的孔加工，通常采用锪平端面→打中心孔→钻→扩→孔口倒角→铰加工方案。对有位置度要求的小孔（直径大于 6 mm），可采用小孔径微调镗刀加工，即采用锪平端面→打中心孔→钻→半精镗→孔口倒角→精镗（或铰）加工方案。为提高孔的位置精度，在钻孔工步前需安排锪平端面和打中心孔工步。

螺纹的加工根据孔径的大小确定加工方法，一般情况下，直径在 M6 ~ M20 的螺纹，通常采用攻螺纹的方法加工；直径在 M6 以下的螺纹，在加工中心上完成基孔加工再通过其他手段攻螺纹。因为加工中心上攻螺纹不能随机控制加工状态，小直径丝锥容易折断。直径在 M20 以上的螺纹，可以镗削加工。

4. 实　例

加工如图 1.52 所示的两个螺纹孔和两个$\phi$30 mm 孔，2×M8 加工深度为 6 mm，2×$\phi$30 加工深度为 3 mm。

(1）工艺分析。

由于工件外形和表面已经加工，所以本工序只需进行孔的加工，可以按照先钻中心孔，再加工螺纹底孔，最后进行铣孔加工。工件的装夹采用平口钳装夹，夹持工件外轮廓。将工件坐标系 G54 建立在工件上表面对称中心处。利用试切对刀法找正工件的 $X$、$Y$ 轴零点（位于工件上表面的中心处），$Z$ 轴零点设在工件上表面。

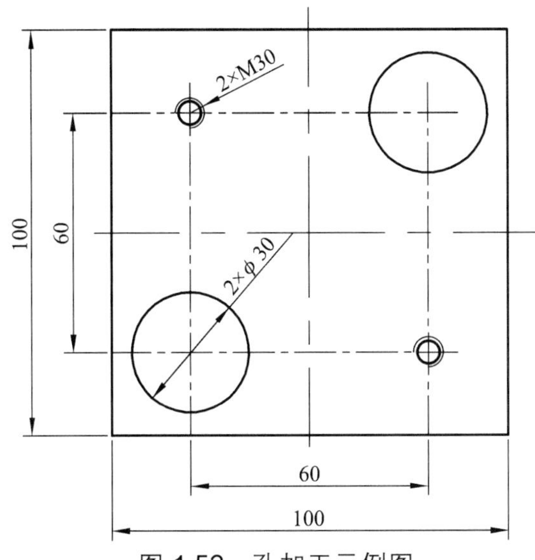


图 1.52　孔加工示例图

采用先钻中心孔，再钻螺纹底孔和ϕ30 底孔，然后加工螺纹（螺距 $P = 1.25$ mm），最后加工ϕ30 孔的加工方法。

（2）切削参数选择（见表 1.6）。

表 1.6　各工序刀具的切削参数（一）

| 加工工序 | 刀具类型 | 主轴转速/（r/min） | 进给速度/（mm/min） |
|---|---|---|---|
| 钻中心孔 | ϕ2 中心钻 | 1 000 | 100 |
| 钻螺纹底孔 | ϕ6.8 钻头 | 1 000 | 50 |
| 攻　丝 | M8 丝锥 | 80 | 100 |
| 铣　孔 | ϕ8 立铣刀 | 800 | 200 |

（3）程序编制。

加工中心孔程序（采用 G81）:

```
O1405
N10 G54
N20 G00 G90 Z50 S1000 M03
N30 X-30 Y30
N40 G98 G81 X-30 Y30 Z-2 R3 F100
N50 X30
N60 Y-30
N70 X-30
N50 G80
N60 G00 Z50
N70 M02
```

加工底孔程序（采用 G83）:

```
O1406
N10 G54 G00 G90 X-30 Y30 S1000 M03
N20 Z10
N30 G98 G83 X-30 Y30 Z-10 R4 Q-3 K1 F50
N40 X30 Y-30
N50 G81 X30 Y30 Z-3 R4 F50
N60 X-30 Y-30
N70 G80
N80 G00 Z50
N90 M02
```

加工螺纹程序（采用 G84）：

```
O1407;
N10 G54 G00 G90 X-30 Y30 S80 M03
N20 Z10
N30 G98 G84 X-30 Y30 Z-10 R2.0 F100.0（F = S*P）
N40 X30 Y-30
N50 G80
N60 G00 Z100
N70 M02
```

2×$\phi$30 孔的底孔已经加工，本程序只是铣孔加工。其程序如下：

```
O1408
N10 G54
N20 G00 G90 Z50 S800 M03
N30 X30 Y30
N40 Z5
N50 G01 Z-3 F200
N60 G41 X5 D01
N70 G03 I5 J0
N80 G01 X10
N90 G03 J10 J0
N100 G01 X15
N110 G03 I15 J0
N120 G40 G01 X30
N130 G00 Z5
N140 X-30 Y-30
N150 G01 Z-3 F200
N160 G41 X-35 D01
N170 G03 I5 J0
```

```
N180 G01 X-40
N190 G03 I-10 J0
N200 G01 X-45
N210 G03 I-15 J0
N220 G40 G01 X-30
N230 G00 Z50
N240 M30
```

5. 实训内容

（1）编制加工如图 1.53 所示零件的程序。机床操作、加工，加工刀具为$\phi$8 键槽铣刀和$\phi$5 麻花钻。

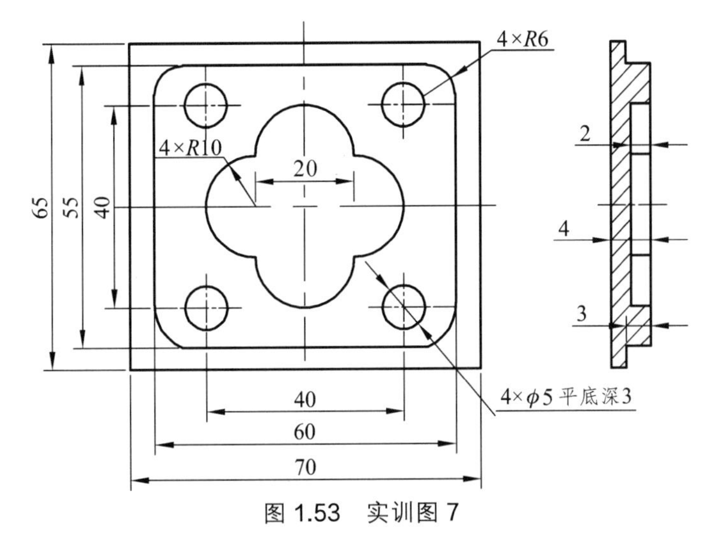


图 1.53　实训图 7

（2）编制加工如图 1.54 所示零件的程序。机床操作、加工，加工刀具为$\phi$8 键槽铣刀和$\phi$5 麻花钻，未注圆角均为 $R3$。

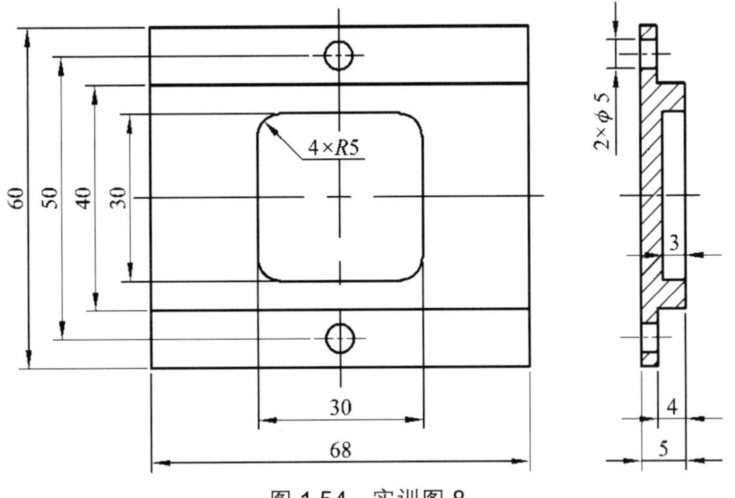


图 1.54　实训图 8

6. 实训总结

加工同一种孔时，加工方式连续执行，不需要对每个孔重新指定加工方式。因而在使用固定循环功能时，应给出循环孔加工所需要的全部数据。固定循环加工方式指令由 G80 消除，同时，参考点 $R$、$Z$ 的值也被取消。在加工盲孔时，孔底平面就是孔底的 $Z$ 轴高度；加工通孔时，一般刀具还要伸出工件底平面一段距离，主要是保证全部孔深都加工到尺寸；钻削加工时，还应考虑钻头钻尖对孔深的影响。

该程序用到高速深孔加工循环指令，应使 $Z$ 轴进行间歇进给，以便深孔加工时容易排屑。

7. 思考题

（1）简述本节零件的加工过程（零件图、刀具运行轨迹、加工程序及过程概述）。
（2）根据本实验，总结数控铣床钻孔加工的过程。

### 1.5.7　其他指令编程、加工（实训六）

1. 实训目的与要求

通过本节实训加工，进一步熟悉和掌握数控系统常用指令的编程与加工工艺，加深对数控铣床工作原理的了解。

2. 实训仪器与设备

（1）配备华中世纪星（HNC-21M）数控系统的 ZJK7532A-4 立式钻铣床。

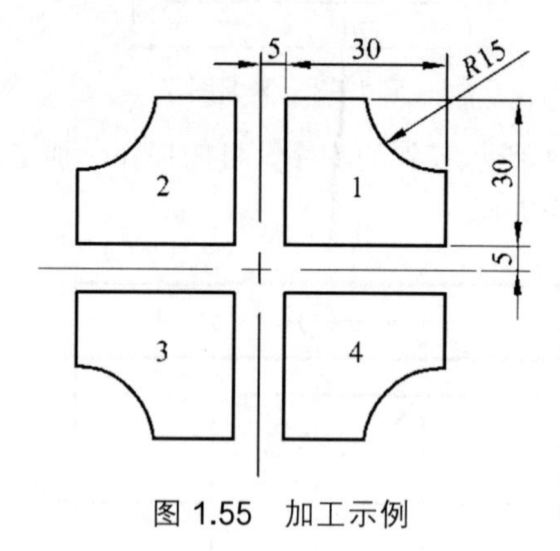

图 1.55　加工示例

（2）毛坯一件（材料为木材），75 mm×75 mm。
（3）$\phi$8 立铣刀 1 把。

3. 实　例

使用镜像功能编制如图 1.55 所示轮廓的加工程序。4 个轮廓为凸台，工件原点设在工件对称中心上表面处，切削深度为 4 mm。

（1）工艺分析。

由于 4 个凸台形状是对称的，可采用先加工第 1 象限凸台，然后加工第 2 象限凸台，再加工第 3、4 象限凸台。

编制程序时只需要编写第 1 象限形状的加工程序，采用镜像编程和调用子程序的方法。

（2）切削参数选择（见表 1.7）。

表 1.7　各工序刀具的切削参数（二）

| 加工工序 | 刀具类型 | 主轴转速/（r/min） | 进给速度/（mm/min） |
| --- | --- | --- | --- |
| 铣削 1、2、3、4 | $\phi$8 立铣刀 | 800 | 200 |

（3）程序编制。

主程序：

```
O 0024
N10 G54 G90          建立工件坐标系
N20 S800 M03
N30 M98 P0025        加工第 1 象限凸台
N40 G24 X0           Y 轴镜像，镜像位置为 X = 0
N50 M98 P0025        加工第 2 象限凸台
N60 G24 Y0           X、Y 轴镜像，镜像位置为（0，0）
N70 M98 P0025        加工第 3 象限凸台
N80 G25 X0           X 轴镜像继续有效，取消 Y 轴镜像
N90 M98 P0025        加工第 4 象限凸台
N100 G25 Y0          取消镜像
N110 G00 Z100        抬刀
N120 M30             程序结束
```

子程序：

```
O 0025
N10 G00 G90 Z10      定位到工件上方 10 mm 处
N20 X35 Y40
N30 G01 Z-4 F200     切入工件 4 mm
N40 Y30
N50 X30 Y35
N60 X25
N70 X35 Y25
N80 X40
N90 G41 X35 D01
N100 Y5
N110 X5
```

N120 Y35
N130 X20
N140 G03 X35 Y20 R15
N150 G01 G40 X40
N160 G00 Z5　　　　抬刀
N170 M99　　　　子程序结束，还回主程序

4. 实训内容

（1）编制加工如图 1.56 所示零件的程序。机床操作、加工，加工刀具为$\phi$8 键槽铣刀。图中，*A* 为基本形状，*B*、*C*、*D* 为镜像图形，其中 *C* 是 *A* 放大 1.15 倍后的图像。

（2）编制加工如图 1.57 所示零件的程序，机床操作、加工，加工刀具为$\phi$8 键槽铣刀。

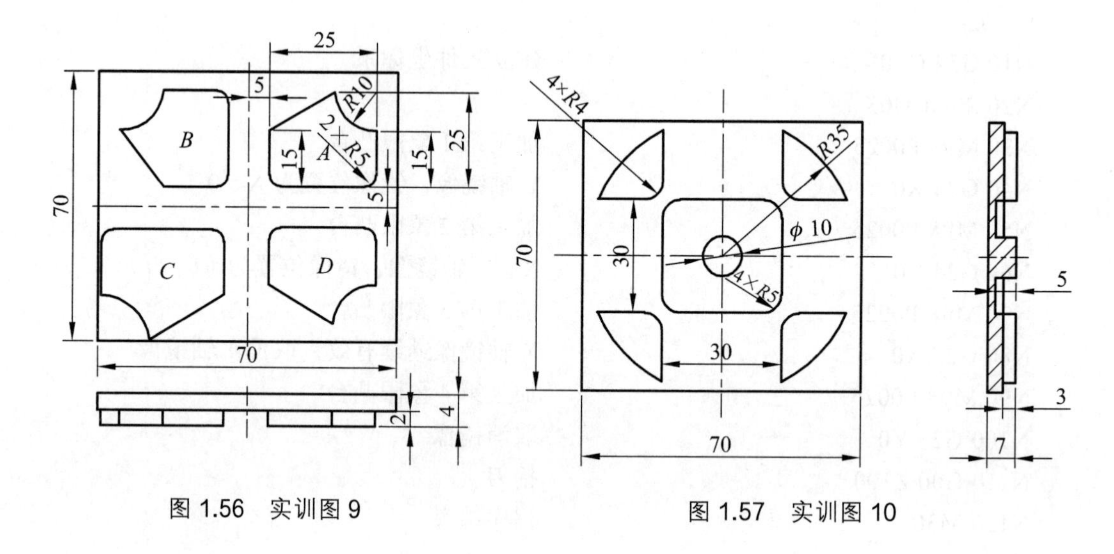


图 1.56　实训图 9　　　　图 1.57　实训图 10

5. 实训总结

本实例采用镜像、调用子程序编程，可以有效缩短程序的长度，减轻编程人员的劳动强度。采用子程序可以简化程序结构，缩短程序长度。子程序中的内容具有相对的独立性，因而可以将实际加工中每一个独立的工序编写成一个子程序，而主程序只有换刀和调用子程序等指令，并且子程序还可以有限层嵌套调用。

6. 思考题

（1）简述本节零件的加工过程（零件图、刀具运行轨迹、加工程序及过程概述）。
（2）根据本实验，总结数控编程在使用镜像、旋转和缩放时有什么好处。

7. 补充练习图形

编制加工图 1.58 ~ 1.61 所示零件的程序。

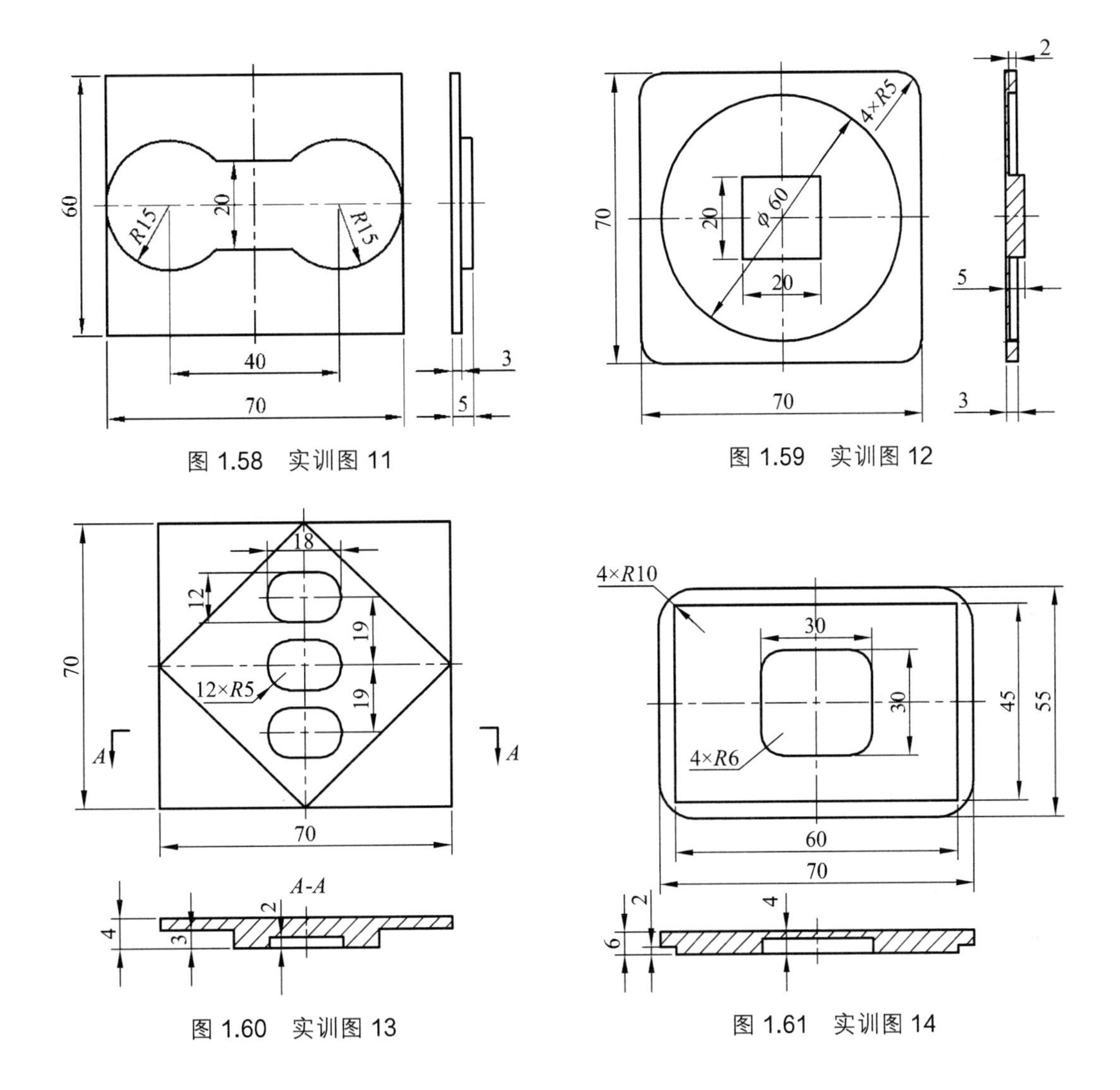


图 1.58　实训图 11

图 1.59　实训图 12

图 1.60　实训图 13

图 1.61　实训图 14

## 1.5.8　外轮廓加工与尺寸控制（实训七）

1. 实训目的与要求

（1）熟悉数控铣床、加工中心加工程序的基本结构。

（2）掌握数控加工中点位控制和直线插补功能的编程与加工。

（3）掌握加工零件的对刀操作。

（4）熟悉千分尺、游标卡尺的使用。

2. 实训仪器与设备

（1）配备华中世纪星（HNC-22M）数控系统 XK714G 数控铣床和 BV75、NC400 加工中心。

（2）45 号钢$\phi$75 mm。

（3）立铣刀（$\phi10$）1 把。

3. 相关知识概述

（1）游标卡尺。

游标卡尺可以测量工件的内、外尺寸、孔距、高度和深度等。普通卡尺精度主要有 0.05 mm、0.02 mm 两种，数显卡尺精度为 0.01 mm。规格有：0 ~ 125 mm、0 ~ 150 mm、0 ~ 200 mm、0 ~ 300 mm、0 ~ 500 mm 等。

（2）外径千分尺。

外径千分尺可以测量工件的各种外形尺寸，如长度、厚度、外径以及凸肩厚度、板厚或壁厚，精度为 0.01 mm，规格有：0 ~ 25 mm、25 ~ 50 mm、50 ~ 75 mm、75 ~ 100 mm、100 ~ 125 mm、125 ~ 150 mm、150 ~ 175 mm、175 ~ 200 mm 等。

（3）量具选用原则。

选择计量器具的主要依据是被测量的对象——被测件。要根据被测件的特点、要求等具体情况，合理选择计量器具。

① 被测件的测量项目。

根据被测件的不同要求，就有各种测量项目，如测量长度、直径等。应按照测量项目选择相应的计量器具。

② 被测件的批量。

根据工件生产批量的不同，应选择相应的计量器具。单件小批量生产，应以通用计量器具为主；大批量大量生产，则应选用高效机械化或自动化的专用计量器具。

③ 被测件的特点。

要使被测量尺寸在所选的计量器具测量范围以内；用于比较测量时，计量器具的显示值范围还应大于被测件的尺寸公差。

④ 被测件的尺寸公差。

根据被测件的尺寸公差，选择精度相应的计量器具。如果精度偏低，测量误差增大，会增加工件的误收率和误费率；如果精度偏高，测量误差虽然减小了，但对尺寸要求不高的被测件来说是不必要的，会增加测量费用和测量时间。

计量器具的选择是个综合问题，要全面考虑被测件、经济效果、工厂的实际条件以及测量人员的技术水平等各方面情况，再选用相应的计量器具。

4. 实　例

编制加工如图 1.62 所示零件的程序，外形 60 mm × 60 mm，上下表面已加工。

（1）工艺分析。

本例只要求保证 50 mm ± 0.03 mm 的尺寸形状，加工深度为 5 mm，加工工序可分为粗加工→半精加工→精加工。由于是单件加工，所以采用修改刀具半径值的方法来实现。尺寸测量选用 50 ~ 75 mm 规格的外径千分尺。

工件采用平口钳装夹，工件坐标系设在图形中心上平面处，用机械式寻边器找正 $X$、$Y$ 中心，再用贴纸试切法对 $Z$ 值。

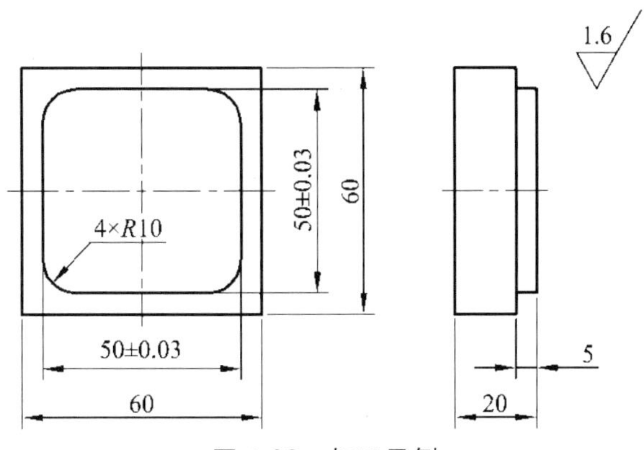


图 1.62　加工示例

（2）切削参数（见表 1.8）。

表 1.8　各工序刀具的切削参数（三）

| 工序内容 | 加工刀具 | 转速/（r/min） | 进给量/（mm/min） | D01 |
|---|---|---|---|---|
| 粗加工 | $\phi$10 立铣刀 | 800 | 60 | 6 |
| 半精加工 | $\phi$10 立铣刀 | 800 | 70 | 5.1 |
| 精加工 | $\phi$10 立铣刀 | 1 000 | 80 | 由测量尺寸确定 |

① 粗加工时，刀具半径补偿值设为 6。

② 半精加工时，刀具半径补偿值设为 5.1；半精加工后，用 50 ~ 75 mm 外径千分尺测量轮廓尺寸，计算出精加工时，每个面应去除的余量。

③ 精加工时，刀补值的计算公式为：

精加工的刀补半径值 = 半精加工刀补值 − 精加工每个面应去除的余量

（3）程序编制。

```
O1234
N10 G54                         建立工件坐标系
N20 G00 G90 Z50 S800 M03        Z 向快速定位，主轴正转，转速 800 r/min
N30 X-40 Y-40.                  X、Y 向快速定位
N40 Z5
N50 G01 Z-5 F60                 下刀
N60 G41 X-25 Y-25 D01           建立刀具半径左补偿
N70 Y15
N80 G02 X-15 Y25 R10
N90 G01 X15
N100 G02 X25 Y15 R10
N110 G01 Y-15
N120 G02 X15 Y-25 R10
```

```
N130 G01 X-15
N140 G02 X-25 Y-15 R10
N150 G01 G40 X-40            取消刀具半径补偿
N160 G00 Z50                 抬刀
N170 M30                     程序结束
```

5. 实训内容

编制加工如图 1.63 所示零件的程序。机床操作、加工，加工刀具为直径 10 mm 的键槽铣刀，加工深度为 4 mm，要求采用子程序编程，深度分两层加工。

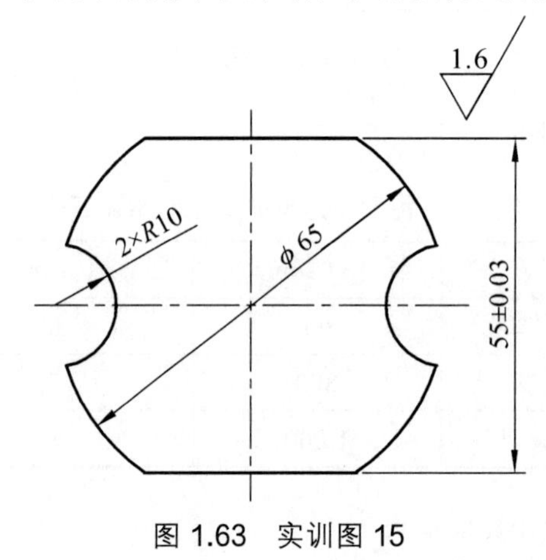


图 1.63　实训图 15

6. 思考题

（1）简述本节的零件加工设备（设备名称、型号、加工能力）。

（2）简述本节的零件加工过程（零件图、刀具运行轨迹、加工程序及过程概述）。

（3）总结本实例与前面轮廓加工的区别。

## 1.5.9　台阶面加工与尺寸控制（实训八）

1. 实训目的与要求

（1）掌握数控加工台阶面类零件的编程方法。

（2）掌握数控加工编程中的数值计算方法。

（3）掌握数控加工编程中刀具半径补偿功能。

（4）掌握千分尺、游标卡尺的使用。

2. 实训仪器与设备

（1）配备华中世纪星（HNC-22M）数控系统的 XK714G 数控铣床和 BV75、NC400 加工中心。

（2）45 号钢$\phi$75 mm。

（3）立铣刀（$\phi$10）1 把。

3. 实　例

编制加工如图 1.64 所示零件的程序，外轮廓为 60 mm × 60 mm，上下表面已加工。

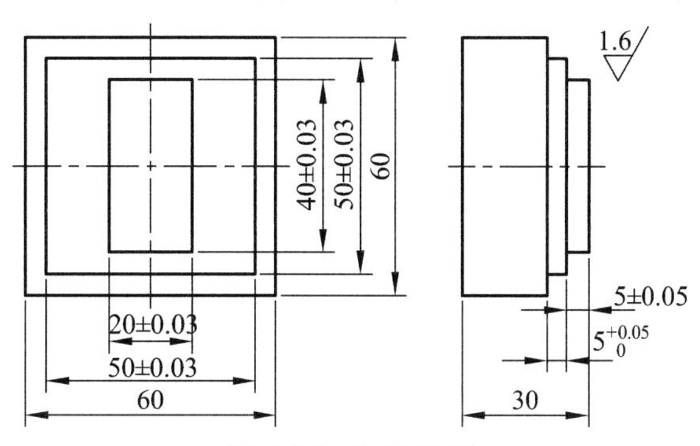


图 1.64　加工示例

（1）工艺分析。

台阶面加工可采用先上后下的顺序进行加工，加工上台阶时采用行切法切除轮廓周围的余料，再建立刀补加工轮廓，下台阶直接采用建立刀补加工即可。为保证轮廓公差，加工时仍然分为粗加工→ 半精加工→ 精加工。

为了提高加工效率，在半精加工和精加工时，切除余料部分的程序段前用“;”标识后可以跳过，直接执行轮廓加工部分程序段。

工件采用平口钳装夹，坐标系原点设在工件上表面对称中心上，用机械式寻边器找正 *X*、*Y* 中心，再用试切法对好 *Z* 值。

（2）切削参数（见表 1.9）。

表 1.9　各工序刀具的切削参数（四）

| 加工工序 | 刀具类型 | 转速/（r/min） | 进给/（mm/min） | D01 |
|---|---|---|---|---|
| 上台阶全料加工 | $\phi$10 立铣刀 | 700 | 80 | / |
| 上下台阶轮廓粗加工 | $\phi$10 立铣刀 | 800 | 80 | 6 |
| 上下台阶轮廓半精加工 | $\phi$10 立铣刀 | 800 | 70 | 5.1 |
| 上下台阶轮廓精加工 | $\phi$10 立铣刀 | 800 | 50 | 由测量尺寸确定 |

（3）程序编制。

```
O11234
N10 G54                          建立工件坐标系
N20 G00 G90 Z50 S800 M03         Z 向定位
N30 X-40 Y-40                    X、Y 向定位
N40 Z5
N50 G01 Z-5 F80                  下刀
N60 X-27                         开始切除余料
N70 Y32
N80 X-21
```

N90 Y-32
N100 X-16
N110 Y32
N120 X16
N130 Y-32
N140 X21
N150 Y32
N160 X27
N170 Y-32
N180 X-30
N190 G41 X-10 Y-21 D01 建立刀具半径左补偿
N200 Y20
N210 X10
N220 Y-20
N230 X-15
N240 G40 X-40 Y-40 取消刀具半径补偿
N250 Z-10.025 下刀
N260 G41 X-25 Y-26 D01 建立刀具半径左补偿
N270 Y25
N280 X25
N290 Y-20
N300 X-30
N310 G40 X-40 Y-40 取消刀具半径补偿
N320 G00 Z50 抬刀
N330 M30 程序结束

4. 实训内容

（1）编制加工如图 1.65 所示零件的程序，机床操作、加工。加工刀具为直径$\phi$10 mm 的键槽铣刀，需加工出全部形状。

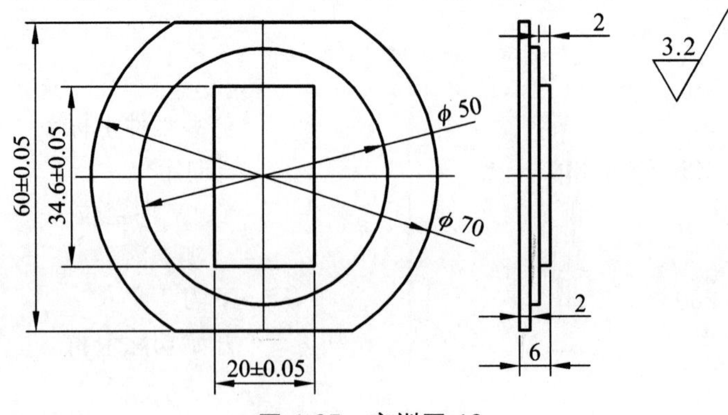


图 1.65 实训图 16

5. 思考题

（1）简述本节零件的加工过程（零件图、刀具运行轨迹、加工程序及过程概述）。
（2）总结金属材料加工与前面非金属材料加工的区别和共同点。
（3）说明工件装夹过程应注意哪些事项。

### 1.5.10　轮廓内腔加工与尺寸控制（实训九）

1. 实训目的与要求

（1）掌握数控铣削腔槽类零件的编程方法。
（2）掌握数控加工编程中的数值计算方法。
（3）掌握数控加工编程中刀具半径补偿功能。
（4）掌握千分尺、游标卡尺的使用。

2. 实训仪器与设备

（1）配备华中世纪星（HNC-22M）数控系统的 XK714G 数控铣床和 BV75、NC400 加工中心。
（2）45 号钢$\phi$75 mm。
（3）立铣刀（$\phi$10）1 把。

3. 实　例

编制加工如图 1.66 所示零件的程序，外轮廓 60 mm × 60 mm，表面已加工，只加工中间的内腔。

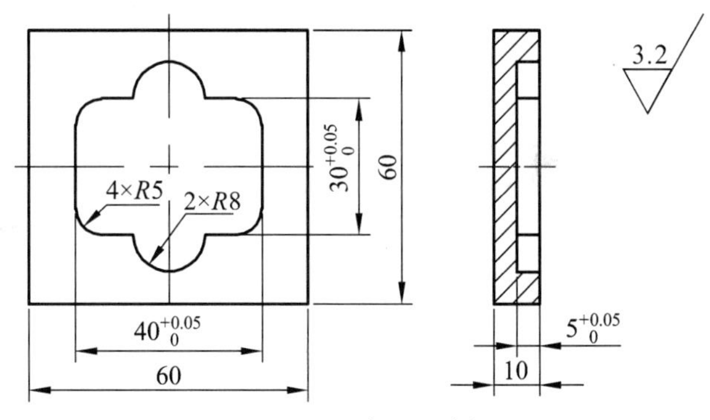


图 1.66　加工示例

（1）工艺分析。

本例中，内腔的加工可分为去除内腔中间的余料和内腔轮廓粗加工、半精加工和最后的精加工。单件生产，可采用修改刀具半径值大小的方法来实现粗加工→半精加工→精加工。

内腔加工时，下刀方式采用斜线下刀，去除中间多余的材料采用行切法。

工件采用平口钳装夹，工件坐标系原点设在工件上表面对称中心上，用机械式寻边器找正 *X*、*Y* 方向中心，*Z* 向采用试切法对刀找正。

（2）切削参数（见表 1.10）。

表 1.10　各工序刀具的切削参数（五）

| 工序内容 | 刀具类型 | 转速/（r/min） | 进给量/（mm/min） | D01 |
|---|---|---|---|---|
| 切除中间余料 | $\phi$10 立铣刀 | 700 | 70 | / |
| 粗加工内轮廓 | $\phi$10 立铣刀 | 700 | 70 | 6 |
| 半精加工内轮廓 | $\phi$10 立铣刀 | 750 | 80 | 5.1 |
| 精加工内轮廓 | $\phi$10 立铣刀 | 800 | 60 | 由测量尺寸确定性 |

（3）程序编制。

```
O1234
N10 G54                               建立工件坐标系
N20 G00 G90 Z50 S800 M03
N30 X0 Y0
N40 Z5
N50 G01 Z0 F70                        下刀至工件表面
N60 X12 Z-1                           斜线下刀切入开始
N70 X-12 Z-3
N80 X12   Z-5
N90 X-12
N100 Y-5                              切除余料开始
N110 X12
N120 Y5
N130 X-12
N140 Y-9
N150 X12
N160 Y9
N170 X-12
N180 X0
N190 Y15
N200 Y-15
N210 Y0
N220 G41 Y-15 D01                     开始轮廓加工，建立刀具半径左补偿
N230 X15
N240 G03 X20 Y-10 R5
N250 G01   Y10
```

```
N260 G03 X15 Y15 R5
N270 G01 X8
N280 G03 X-8 R8
N290 G01 X-15
N300 G03 X-20 Y10 R5
N310 G01 Y-10
N320 G03 X-15 Y-15 R5
N330 G01 X-8
N340 G03 X8 R8
N350 G01 Y0
N360 G40 X0                  取消刀具半径补偿
N370 G00 Z50                 抬刀
N380 M30                     程序结束
```

4. 实训内容

编制加工如图 1.67 所示零件的程序。机床操作、加工、加工刀具为直径$\phi$10 mm 的键槽铣刀，加工完全部形状。

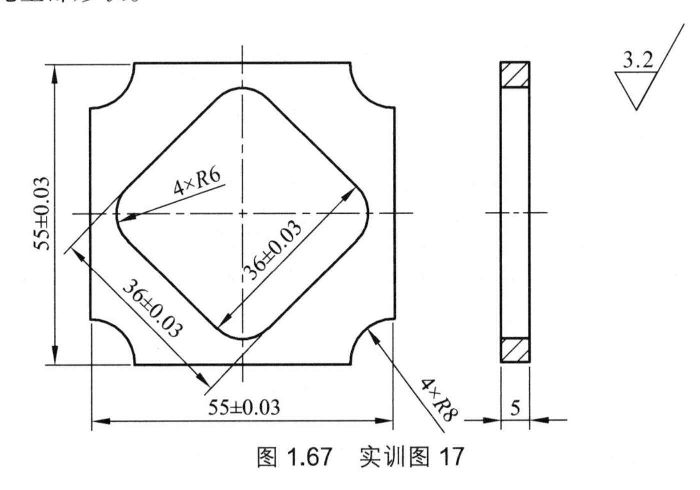


图 1.67　实训图 17

5. 思考题

（1）简述本节零件的加工过程（零件图、刀具运行轨迹、加工程序及过程概述）。

（2）绘出本实验零件加工程序中刀具的中心轨迹，总结刀具使用半径补偿后刀具轨迹的变化。

## 1.5.11　轮廓、孔系加工与尺寸控制（实训十）

1. 实训目的与要求

（1）掌握数控铣床、加工中心的加工编程方法。

（2）熟悉数控加工编程中的数值计算方法。

（3）掌握数控加工编程中固定循环的使用。

（4）掌握千分尺、游标卡尺的使用。

2. 实训仪器与设备

（1）配备华中世纪星（HNC-22M）数控系统的 XK714G 数控铣床和 BV75、NC400 加工中心。

（2）45 号钢$\phi$75 mm。

（3）$\phi$2 中心钻 1 支，$\phi$5 麻花钻 1 支，$\phi$5.8 麻花 1 支，$\phi$6 铰刀 1 支。

3. 实　例

加工如图 1.68 所示的零件，外形和深度已加工至尺寸，加工图中的 4 个$\phi$6H7 通孔。

（1）工艺分析。

加工尺寸要求较严的孔系时，要根据孔的大小和要求，选择适当的加工方法，如钻孔、扩孔、铰孔、镗孔等。本例中，可采用钻中心孔（G81）→钻底孔（G83）→扩孔（G81）→铰孔（G85）。

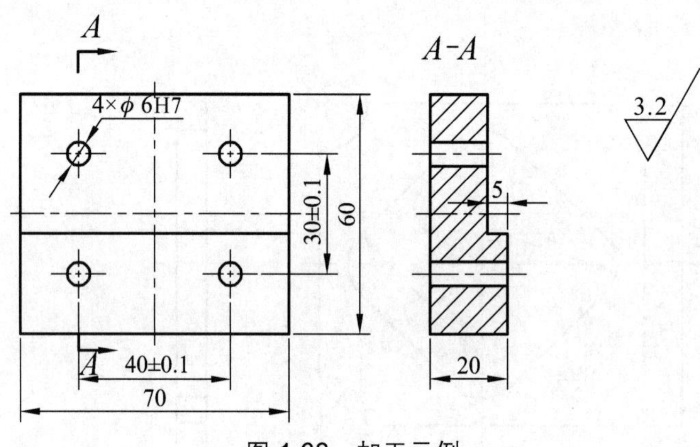


图 1.68　加工示例

工件采用平口钳装夹，工件下方不能有垫状等工具，G54 工件坐标系 *X*、*Y* 设在工件中心位置，*Z* 设在最高表面上。*X*、*Y* 采用机械式寻边器找正，*Z* 向采用试切法找正。

（2）切削参数（见表 1.11）。

表 1.11　各工序刀具的切削参数（六）

| 工序内容 | 刀具类型 | 转速/（r/min） | 进给量/（mm/min） | 钻孔方式 |
|---|---|---|---|---|
| 钻中心孔 | $\phi$2 中心钻 | 1000 | 40 | G81 |
| 钻底孔 | $\phi$5 麻花钻 | 700 | 30 | G83 |
| 扩孔 | $\phi$5.8 麻花钻 | 700 | 20 | G81 |
| 铰孔 | $\phi$6H7 铰刀 | 200 | 10 | G85 |

（3）程序编制。

① 钻中心孔程序：

```
O1234
N10 G54                                 建立工件坐标系
N20 G00 G90 Z50 S1000 M03
N30 X20 Y15
N40 Z10                                 下刀
N50 G98 G81 X20 Y15 Z-6 R-3 F40         钻孔循环开始
N60 X-20
N70 G98 G81 X-20 Y-15 Z-1 R2 F40
N80 X20
N90 G80                                 取消固定循环
N100 G00 Z50                            抬刀
N110 M30                                程序结束
```

② 钻底孔程序：

```
O1234
N10 G54                                 建立工件坐标系
N20 G00 G90 Z50 S700 M03
N30 X20 Y15
N40 Z10                                 下刀
N50 G98 G83 X20 Y15 Z-24 R-3 Q-3 K1 F30 钻孔循环开始
N60 X-20
N70 G98 G83 X20 Y15 Z-24 R3 Q-3 K1 F30
N80 X20
N90 G80                                 取消固定循环
N100 G00 Z50                            抬刀
N110 M30                                程序结束
```

③ 扩孔程序：

```
O1234
N10 G54                                 建立工件坐标系
N20 G00 G90 Z50 S700 M03
N30 X20 Y15
N40 Z10                                 下刀
N50 G98 G81 X20 Y15 Z-24 R-3 F40        钻孔循环开始
N60 X-20
N70 G98 G81 X-20 Y-15 Z-24 R2 F40
N80 X20
N90 G80                                 取消固定循环
```

```
N100 G00 Z50                          抬刀
N110 M30                              程序结束
```

④ 铰孔程序：

```
O1234
N10  G54                              建立工件坐标系
N20 G00 G90 Z50 S200 M03
N30 X20 Y15
N40 Z10                               下刀
N50 G98 G85 X20 Y15 Z-24 R-3 F10 P0.5 铰孔循环开始
N60 X-20
N70 G98 G85 X20 Y15 Z-24 R3 F10 P0.5
N80 X20
N90 G80                               取消固定循环
N100 G00 Z50                          抬刀
N110 M30                              程序结束
```

4. 实训内容

编制加工如图 1.69 所示零件的程序，机床操作、加工（需加工出全部形状）。

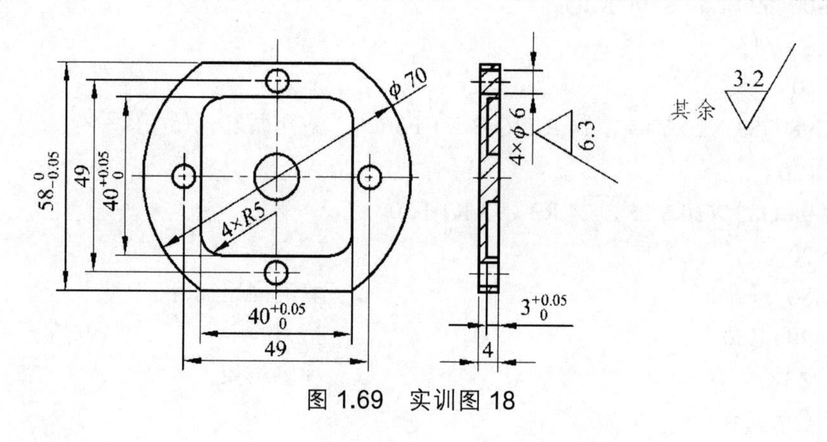


图 1.69 实训图 18

5. 实训总结

对于孔系类零件的加工，在编制固定循环类程序时，要考虑加工孔系之间有无台阶，宜采用 G98 来保证加工刀具退回到足够高的高度。对于深孔类，宜采用 G83 或 G73；对于平底孔加工，宜采用 G82，而浅孔或中心孔的加工宜采用 G81。

6. 思考题

（1）简述本节零件的加工过程（零件图、刀具运行轨迹、加工程序及过程概述）。

（2）总结本节实验主要的练习内容，再与前面的加工做比较。

（3）附加实训图形（编制加工如图 1.70 ~ 1.74 所示零件的程序）。

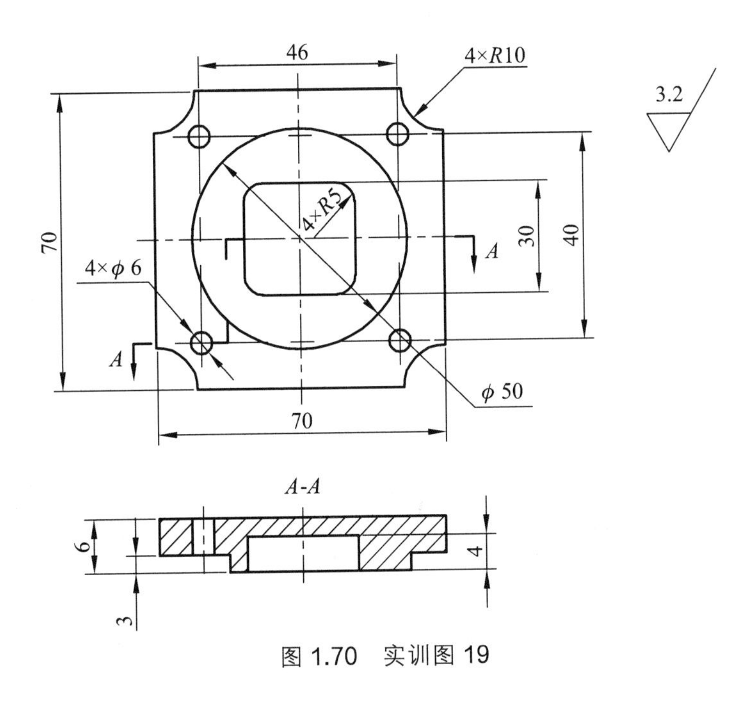

图 1.70　实训图 19

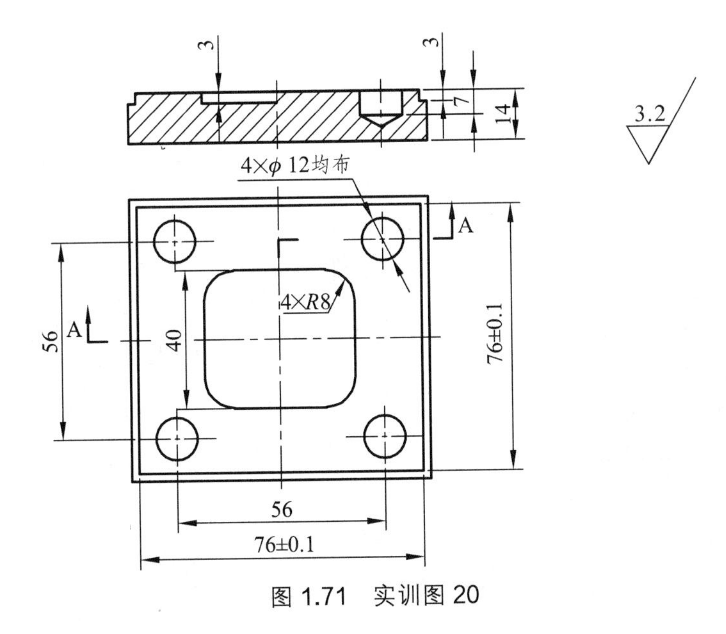

图 1.71　实训图 20

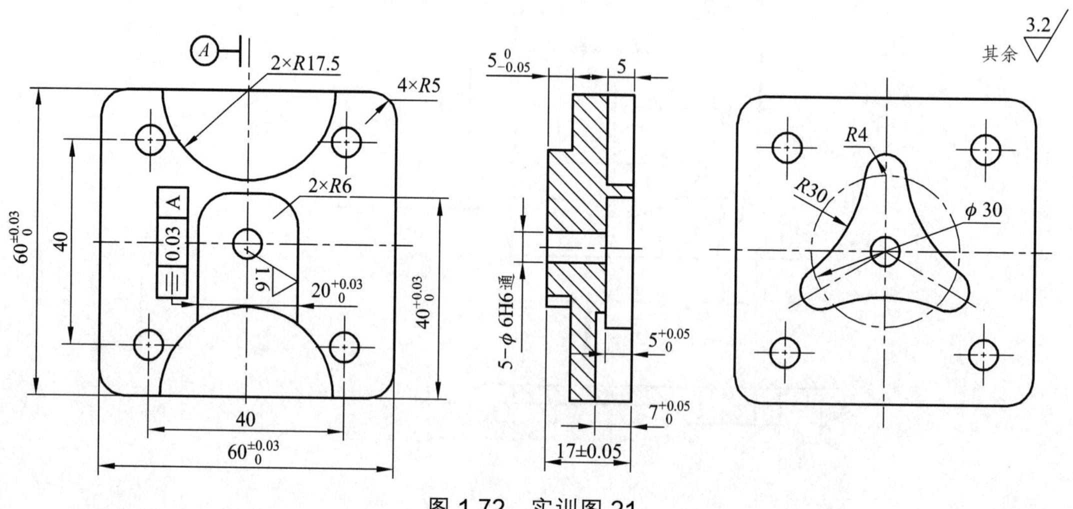


图 1.72　实训图 21

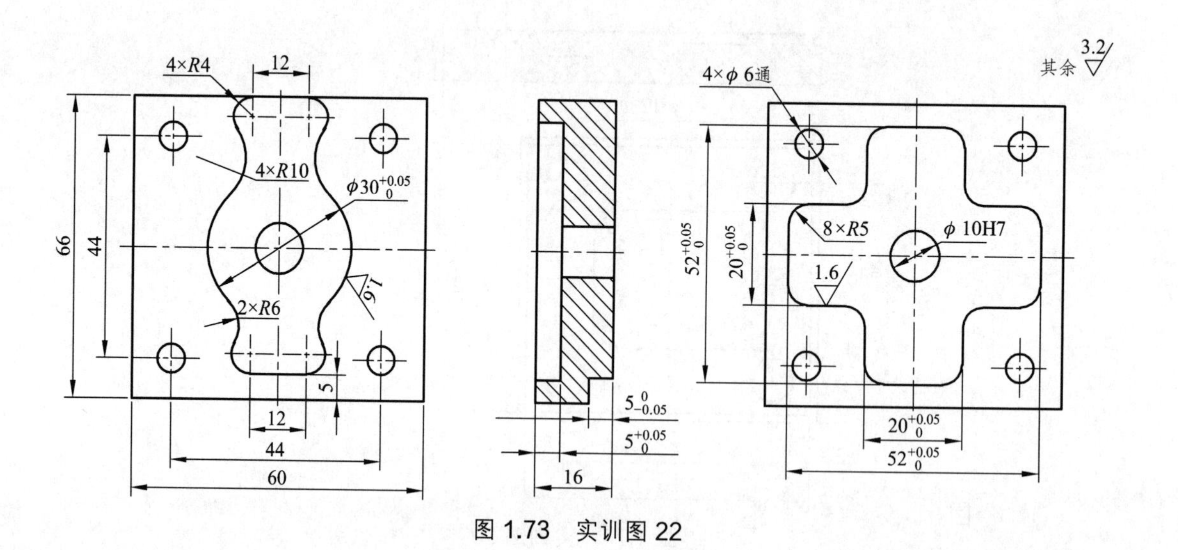


图 1.73　实训图 22

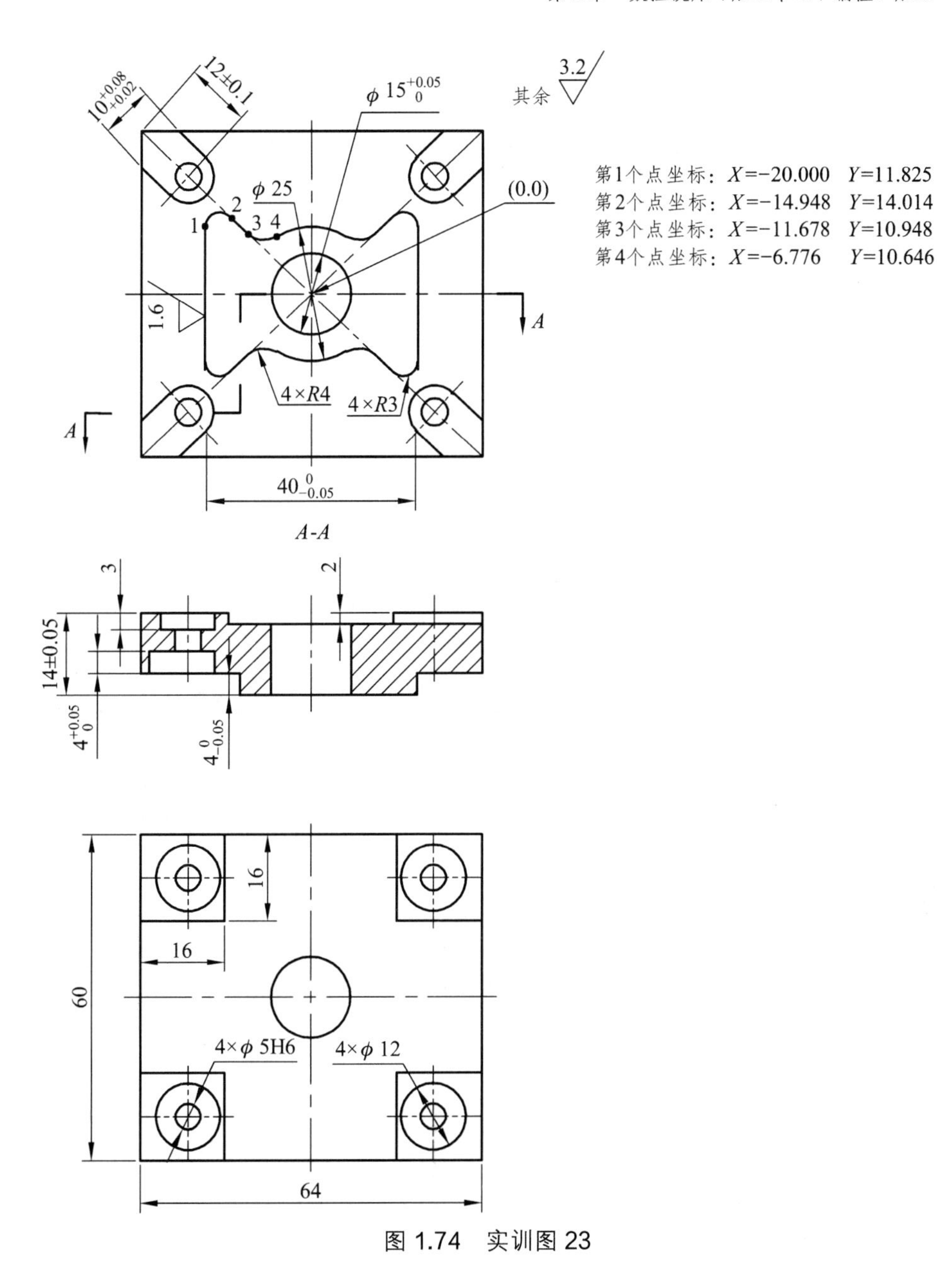


图 1.74　实训图 23

# 1.6　DNC 传输加工

## 1.6.1　实训目的与要求

（1）掌握数控铣床、加工中心 DNC 参数的设置方法。

（2）掌握 DNC 软件的使用。

（3）能准确地从计算机传输程序到数控机床。

## 1.6.2 实训仪器与设备

（1）配备华中世纪星（HNC-22M）数控系统的 XK714G 数控铣床和 BV75、NC400 加工中心。

（2）计算机一台。

（3）传输数据线一根。

## 1.6.3 相关知识概述

在数控机床的程序输入操作中，如果采用手动数据输入的方法输入 CNC，一是操作、编辑及修改不便；二是 CNC 内存较小，程序比较大时就无法输入。为此，我们必须通过传输（计算机与数控 CNC 之间的串口联系，即 DNC 功能）的方法来完成。

1. 华中数控系统串口线路的连接

华中系统数控机床的 DNC 采用 2 个 9 孔插头（一个与计算机的 COM1 或 COM2 相连接，另一个与数控机床的通信接口相连接）用网络线连接。数控车床的焊接关系如图 1.75 所示。除数控铣床、加工中心采用 1、9 空以外，其他一一对应进行焊接。

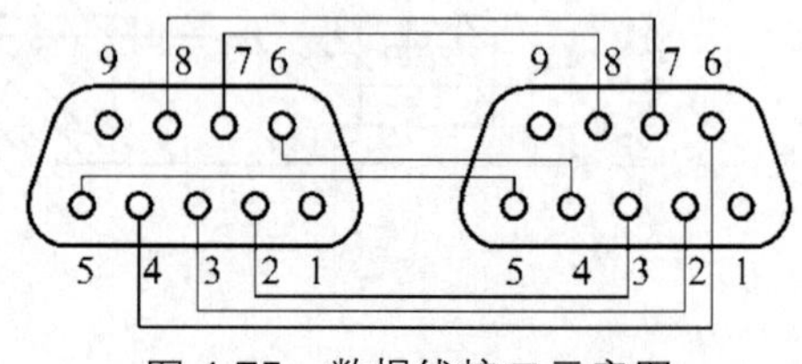


图 1.75　数据线接口示意图

2. 华中 DNC 传输软件

打开华中 DNC 传输软件，如图 1.76 所示。

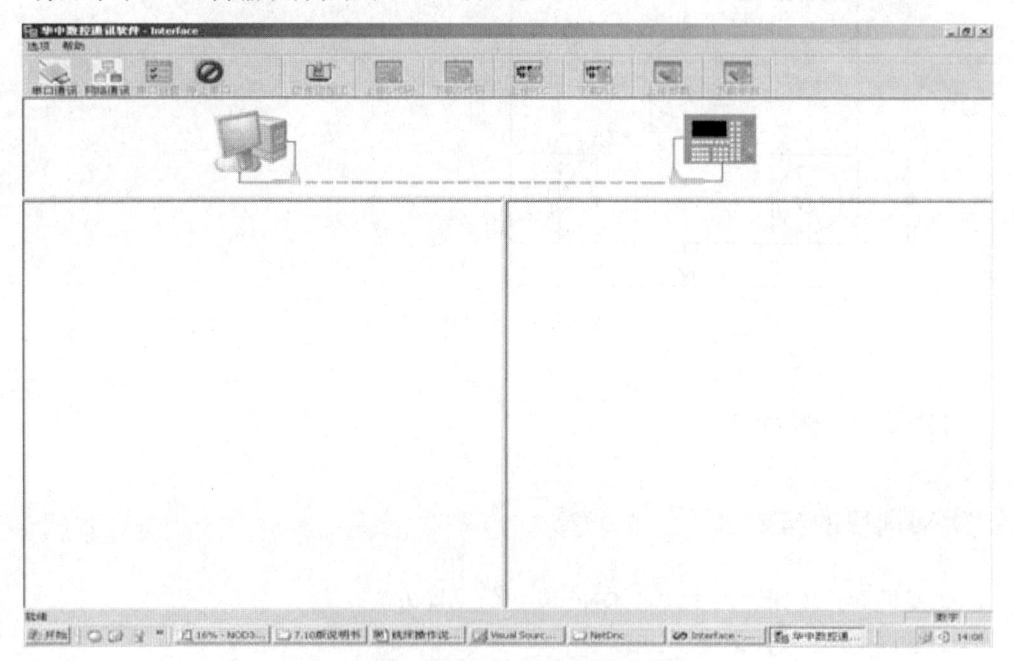


图 1.76　华中 DNC 传输软件界面

3. 程序传输操作过程

（1）在华中系统的数控机床控制面板主菜单中，按“F7”（DNC 通讯），出现图 1.77 所示的界面，进入接收状态。

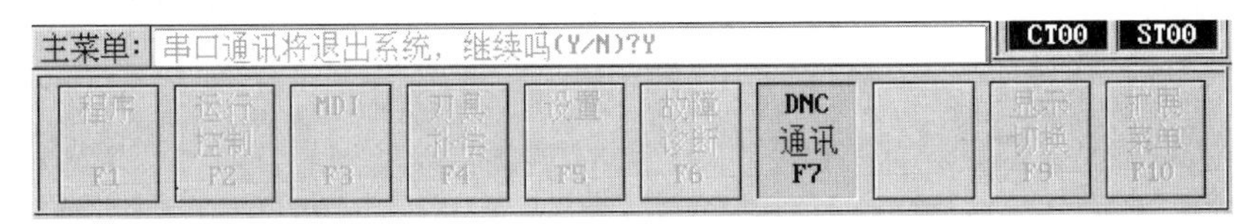


图 1.77　DNC 进入菜单

（2）根据提示，可以按“Y”键或“Enter”键，退出数控系统，进入 DNC 软件界面，如图 1.78 所示。

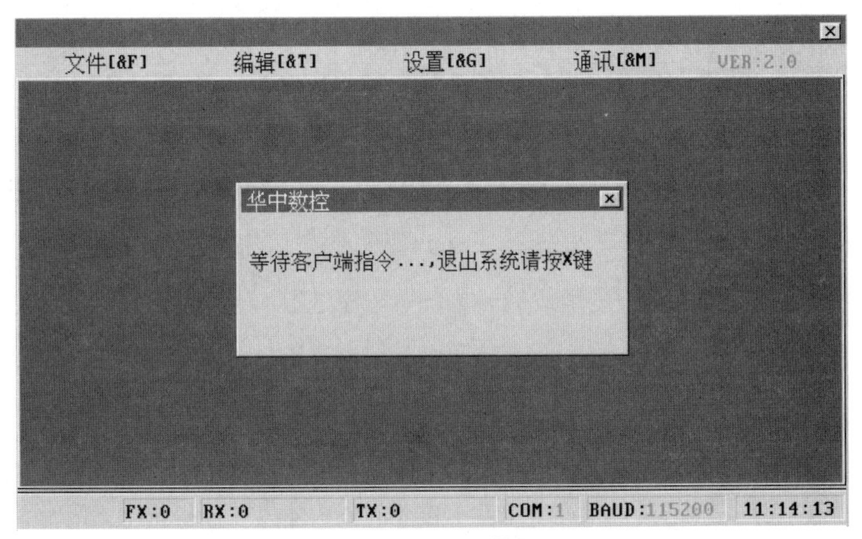


图 1.78　DNC 界面

（3）在华中 DNC 传输软件中点击“发送 G 代码”，系统弹出如图 1.79 所示的对话框，进入保存程序的文件夹。选择要加工的程序，然后点击“打开”，这时，如果系统接收到客户端发过来的联络信号，将开始发送工作，出现如图 1.80 所示的界面。

打开
查找范围(I): 华中系统传输软件
08520.txt
09636.txt
文件名(N):
文件类型(T): G代码文件(O*.*)
打开(O)
取消

图 1.79　选择打开程序对话框

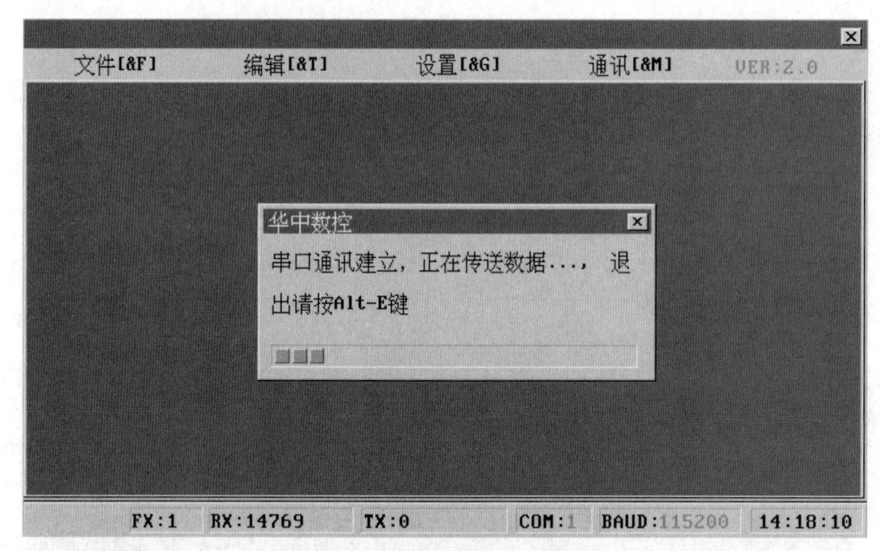


图 1.80 DNC 正在发送数据

（4）待传输完毕后，在华中系统的数控机床控制面板上按“X”退出 DNC 状态。

4. 开始加工

在数控机床控制面板中，选择已传输的加工程序进行加工操作。

## 1.6.4 实训总结

DNC 传输一般用在计算机与数控机床之间的数据通信上。在计算机上用 CAM 软件直接生成的加工程序一般都很长，难以用手工作业的方式输入数控机床中，因此，用特定的传输软件直接把程序传输到数控机床中就显得十分必要。如果程序大于数控机床的内存时，还可以采用在线加工的方式边传输边加工。另外，传输数据时，传输软件中的传输参数和数控机床上的接收参数必须一一对应，这样才能保证数据传输的正确进行。

## 1.6.5 思考题

（1）简述 DNC 传输零件加工设备（设备名称、型号、加工能力）。
（2）DNC 传输的优势是什么？
（3）总结 DNC 传输加工的步骤与注意事项。

# 第 2 章　数控车削编程、加工

## 2.1　车削加工基本准备功能指令

准备功能 G 指令由 G 后一或二位数值组成，它用来规定刀具和工件的相对运动轨迹、机床坐标系、刀具补偿、坐标偏置等多种加工操作。

G 功能根据功能的不同分成若干组，其中 00 组的 G 功能称非模态 G 功能，其余组的称为模态 G 功能。

模态 G 功能组中包含一个默认 G 功能，车床开机时将被初始化为该功能。

没有共同地址符的多个不同组 G 代码可以放在同一程序段中，而且与顺序无关。

华中世纪星 HNC-21T 数控装置 G 功能指令见表 2.1。

表 2.1　准备功能一览表

| G 代码 | 组 | 功　能 | 参数（后续地址字） |
|---|---|---|---|
| G00 | 01 | 快速定位 | X，Z |
| G01 | | 直线插补 | X，Z |
| G02 | | 顺圆插补 | X，Z，I，K，R |
| G03 | | 逆圆插补 | X，Z，I，K，R |
| G04 | 00 | 暂停 | |
| G20 | 08 | 英寸输入 | |
| G21 | | 毫米输入 | |
| G28 | 00 | 返回到参考点 | X，Z |
| G29 | | 由参考点返回 | X，Z |
| G32 | 01 | 螺纹切削 | X，Z，R，E，P，F |
| G36 | 16 | 直径编程 | |
| G37 | | 半径编程 | |
| G40 | 09 | 刀尖半径补偿取消 | |
| G41 | | 左刀补 | |
| G42 | | 右刀补 | |

续表

| G代码 | 组 | 功　能 | 参数（后续地址字） |
|---|---|---|---|
| G54 | 11 | 坐标系选择 | |
| G55 | | 坐标系选择 | |
| G56 | | 坐标系选择 | |
| G57 | | 坐标系选择 | |
| G58 | | 坐标系选择 | |
| G59 | | 坐标系选择 | |
| G71 | 06 | 外径/内径车削复合循环 | X，Z，U，W，C，P，Q，R，E |
| G72 | | 端面车削复合循环 | |
| G73 | | 闭环车削复合循环 | |
| G76 | | 螺纹切削复合循环 | |
| G80 | 01 | 内/外径车削固定循环 | X，Z，I，K，C，P，R，E<br>X，Z |
| G81 | | 端面车削固定循环 | |
| G82 | | 螺纹切削固定循环 | |
| G90 | 13 | 绝对值编程 | |
| G91 | | 增量值编程 | |
| G92 | | 工件坐标系设定 | |
| G94 | 14 | 每分钟进给 | |
| G95 | | 每转进给 | |
| G96 | | 恒线速度有效 | S |
| G97 | | 取消恒线速度 | |

注意：00组中的G代码是非模态的，其他组的G代码是模态的；车床基本准备功能指令和数控铣床相同，固不再重述。

## 2.1.1　车削刀具补偿指令

扫描二维码
观看刀具补偿原理

刀具的补偿包括刀具的偏置与磨损补偿和刀尖半径补偿。

1. 刀具补偿

1）刀具偏置补偿

由于每把刀具的几何形状及安装位置不同，其刀尖位置是不一致的，其相对于工件原点的距离也是不同的。但是在编程时，设定刀架上各刀在工作位上，其刀尖位置是一致的，因此需要将各刀具的位置值进行比较和设定。

刀具偏置补偿是指机床回到机床零点时，工件坐标系零点，相对于刀架工作位上各刀刀尖位置的有向距离。当执行刀偏补偿时，各刀以此值设定各自的加工坐标系，如图 2.1 所示。

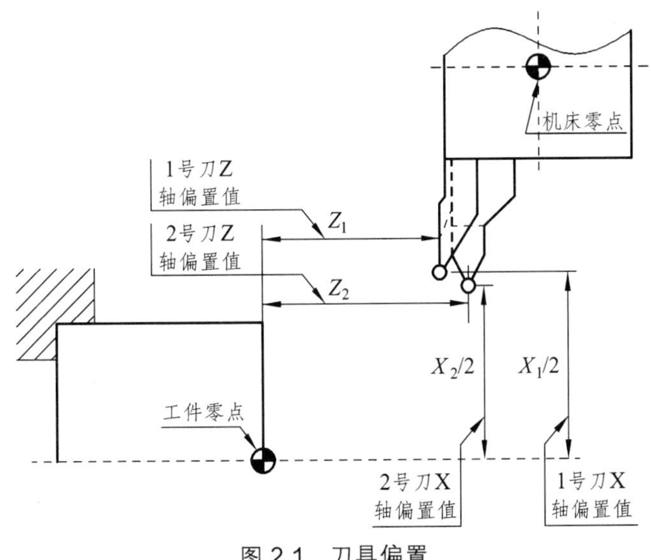


图 2.1　刀具偏置

2）刀具磨损补偿

刀具使用一段时间后刀尖会出现磨损，也会使工件尺寸产生误差，因此 需要对其进行补偿。该补偿与刀具偏置补偿存放在同一个寄存器的地址号中。每把刀的磨损补偿只对该刀有效，其中需要注意 $X$ 方向刀具磨损补偿为直径值。

刀具的补偿功能由 T 代码指定，其后的 4 位数字分别表示选择的刀具号和刀具偏置补偿号。

T 代码的说明如图 2.2 所示。

刀具补偿号是刀具偏置补偿寄存器的地址号，该寄存器存放刀具的 $X$ 轴和 $Z$ 轴偏置补偿值和磨损补偿值。

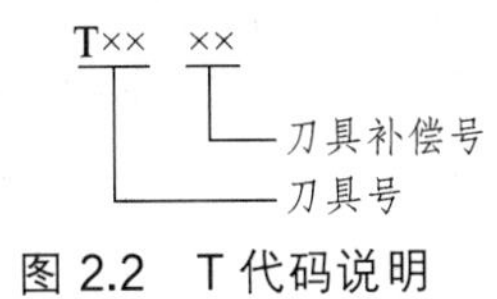


图 2.2　T 代码说明

2. 刀尖圆弧半径补偿 G40、G41、G42

在实际加工中，由于刀具产生磨损及精加工的需要，常将车刀的刀尖修磨成半径较小的圆弧，这时的刀位点为刀尖圆弧圆心。为确保工件轮廓形状，加工时不允许刀具刀尖圆弧的圆心运动轨迹与被加工工件轮廓重合，应与工件轮廓偏移一个半径值，这种偏移称为刀尖圆弧半径补偿。

1）假想刀尖与刀尖圆弧半径

在理想状态下，总将刀具的刀位点假想成一个点，该点即为假想刀尖，在对刀时也是以假想刀尖进行对刀。但实际加工中的车刀，由于工艺或者其他要求，刀尖往往不是一个理想的点，而是一段圆弧。

所谓刀尖圆弧半径是指车刀刀尖圆弧所构成的假想圆弧半径。在实际加工中，所有刀具均有大小不等或近似的刀尖圆弧，假想刀尖在实际加工中是不存在的。

2）未使用刀尖半径补偿时的误差分析

如图 2.3 所示，编程时，以理论刀尖点 *P* 来编程，数控系统控制 *P* 点的运动轨迹；而切削时，实际起作用的切削刃是圆弧的各切点，这势必会在加工表面产生形状误差，刀尖圆弧半径补偿功能就是用来补偿由于刀尖圆弧半径引起的工件形状误差。

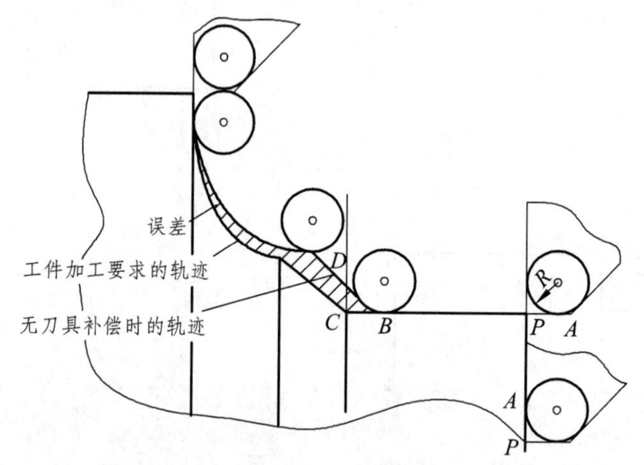


图 2.3　刀尖圆弧半径对加工精度的影响

切削工件右端面时，车刀圆弧的 *A* 点与理论刀尖点 *P* 的 *Z* 坐标值相同，车外圆时车刀圆弧的切点 *B* 与 *P* 点的 *X* 坐标值相同，切削出的工件没有形状误差和尺寸误差，因此可以不考虑刀尖半径补偿。如果切削外圆后继续切削虚线所示的端面，则在外圆与端面的连接处，存在加工误差 *BCD*（误差值为刀尖圆弧半径），这一加工误差是不能靠刀尖半径补偿的方法来纠正的。

切削圆锥和圆弧部分时，仍然以理论刀尖点 *P* 来编程，刀具运动过程中与工件接触的各切点轨迹为图 2.3 中无刀具补偿时的轨迹。该轨迹与工件加工要求的轨迹之间存在着图中斜线部分的误差，直接影响到工件的加工精度，而且刀尖圆弧半径越大，加工误差越大。可见，对刀尖圆弧半径进行补偿是十分必要的。当采用圆弧半径补偿时，切削出的工件轮廓就是图 2.3 中工件加工要求的轨迹。

3）刀尖圆弧半径补偿的编程

格式：G41（G42/G40） G01（G00） X_ Z_ F_

这种由于刀尖不是一理想点而是一段圆弧所造成的加工误差，可用刀尖圆弧半径补偿功能来消除。刀尖圆弧半径补偿是通过 G41、G42、G40 代码及 T 代码指定的刀尖圆弧半径补偿号来加入或取消半径补偿的。

G40：取消刀尖半径补偿；

G41：左刀补（沿刀具前进方向看，刀具在工件加工面的左侧）；

G42：右刀补（沿刀具前进方向看，刀具在工件加工面的右侧），如图 2.4 所示；

X、Z：G00/G01 的参数，即建立刀补或取消刀补时，刀具移动的终点坐标。

注意：

① G40、G41、G42 都是模态代码，可相互注销。

② 车削加工 G41/G42 指令后不带刀补地址参数 D，其补偿号（代表所用刀具对应的刀尖半径补偿值）由 T 代码指定。其刀尖圆弧补偿号与刀具偏置补偿号对应。

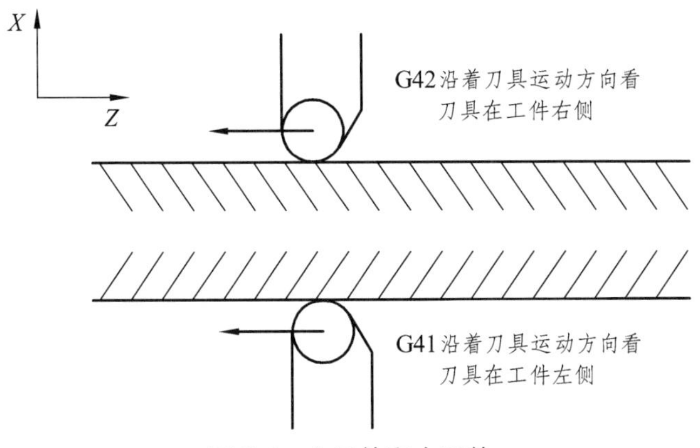


图 2.4　左刀补和右刀补

③ 刀尖半径补偿的建立与取消只能用 G00 或 G01 指令，不得用 G02 或 G03 指令。

④ 应采用切线切入方式建立或取消刀补。

在刀尖圆弧半径补偿寄存器中，定义了车刀圆弧半径及刀尖的方向号。车刀刀尖的方向号定义了刀具刀位点与刀尖圆弧中心的位置关系，从 0 ~ 9 共有十个方向，如图 2.5 所示。

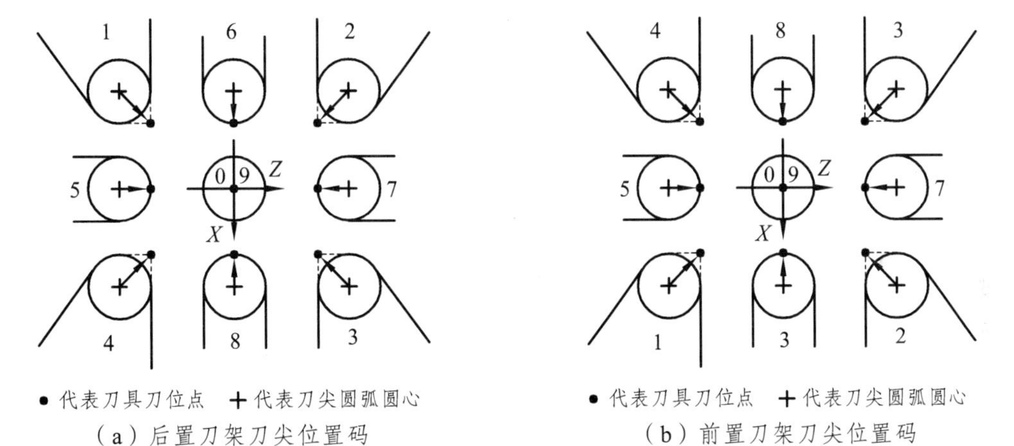


图 2.5　车刀刀尖位置码定义

## 2.1.2　车削固定循环

为了达到简化编程的目的，在华中数控系统中配备了很多固定循环功能，这些循环功能主要用在零件的内外圆粗精加工、螺纹加工中。通过对这些固定循环指令的灵活运用，使编写的程序简洁明了，减少了编程过程中的出错概率。

车削加工有三类固定循环，分别是：

G80：内（外）径切削循环；

G81：端面切削循环；

G82：螺纹切削循环。

切削循环通常是用一个含 G 代码的程序段完成用多个程序段指令的加工操作，使程序得以简化。

在以下讲解各机床代码动作的图形中，$U$、$W$ 表示程序段中 $X$、$Z$ 轴的增量坐标值（相对值）；$X$、$Z$ 表示绝对坐标值；$R$ 表示快速移动；$F$ 表示刀具以指定速度 $F$ 移动。

1. 内（外）径切削循环 G80

格式：G80 X_ Z_ I_ F_

说明：

（1）X、Z：绝对值编程时，表示切削终点 $C$ 在工件坐标系下的坐标；增量值编程时，表示切削终点 $C$ 相对于循环起点 $A$ 的有向距离，图中用 U、W 表示。

（2）I：切削起点 $B$ 与切削终点 $C$ 的半径差，其符号为差的符号（无论是绝对值编程还是增量值编程）。

该指令执行如图 2.6 所示 $A \to B \to C \to D \to A$ 的轨迹动作。

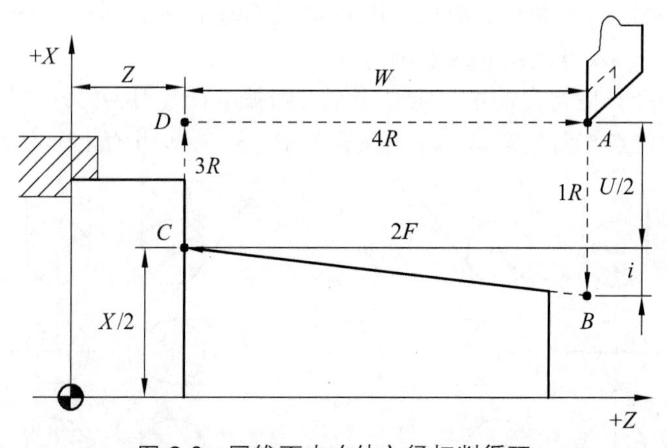


图 2.6　圆锥面内（外）径切削循环

**例 2.1**　加工如图 2.7 所示零件的锥面，用 G80 指令编程，双点画线代表毛坯。

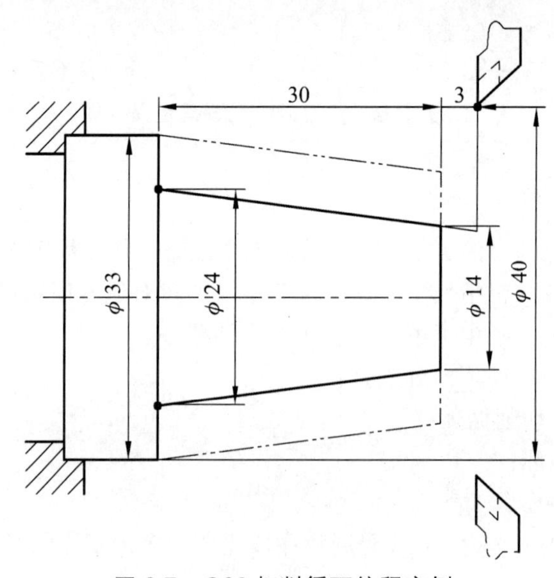


图 2.7　G80 切削循环编程实例

**解**　根据如图 2.7 所示坐标系，编制程序如下：

O3317
T0101
M03 S400　　（主轴以 400 r/min 旋转）
G00 X40 Z3
G91 G80 X-10 Z-33 I-5.5 F100　　（加工第一次循环，吃刀深 3 mm）
X-13 Z-33 I-5.5　　（加工第二次循环，吃刀深 3 mm）
X-16 Z-33 I-5.5　　（加工第三次循环，吃刀深 3 mm）
M30　　（主轴停、主程序结束并复位）

2. 端面切削循环 G81

格式：G81 X_ Z_ K_ F_

说明：

（1）X、Z：绝对值编程时，为切削终点 $C$ 在工件坐标系下的坐标；增量值编程时，为切削终点 $C$ 相对于循环起点 $A$ 的有向距离，图形中用 U、W 表示。

（2）K：切削起点 $B$ 相对于切削终点 $C$ 的 Z 向有向距离，且 K = Z（$B$ 点）− Z（$C$ 点）。

该指令执行如图 2.8 所示 $A \to B \to C \to D \to A$ 的轨迹动作。

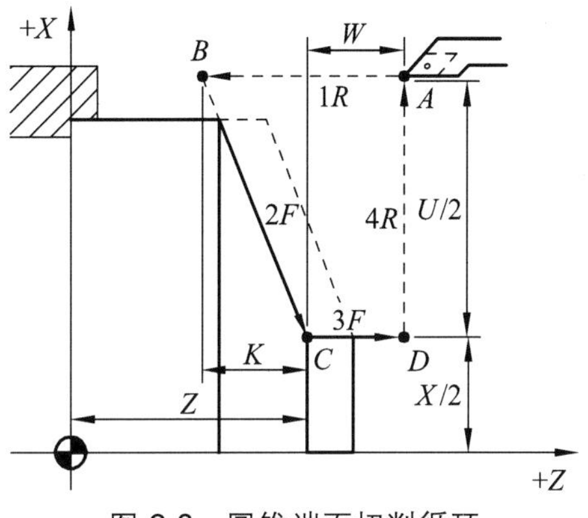


图 2.8　圆锥端面切削循环

**例 2.2**　加工如图 2.9 所示零件右端面，用 G81 指令编程，双点画线代表毛坯。

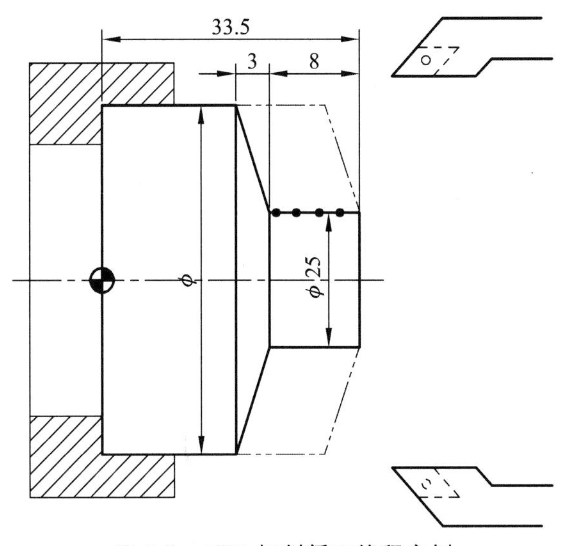


图 2.9　G81 切削循环编程实例

**解**　根据如图 2.9 所示坐标系编制程序如下：

```
O3320
T0101
G90 G00 X60 Z45 M03 S600         （选定坐标系，主轴正转，到循环起点）
G81 X25 Z31.5 K-3.5 F100         （加工第一次循环，吃刀深 2 mm）
X25 Z29.5 K-3.5                  （每次吃刀均为 2 mm）
X25 Z27.5 K-3.5                  （每次切削起点位,距工件外圆面 5 mm,故 K 值为 - 3.5）
X25 Z25.5 K-3.5                  （加工第四次循环，吃刀深 2 mm）
M05                              （主轴停）
M30                              （主程序结束并复位）
```

3. 螺纹切削循环 G82

螺纹加工属于成型加工，为了保证螺纹加工时不乱牙，加工时主轴旋转一周，车刀的进给量必须等于螺纹的导程（称转进给）。另外，螺纹车刀的强度一般较差，故螺纹牙型往往不是一次加工而成的，需分多次进行切削，如欲提高螺纹的表面质量，可增加几次光整加工。

（1）三角形螺纹的参数计算（见图 2.10）。

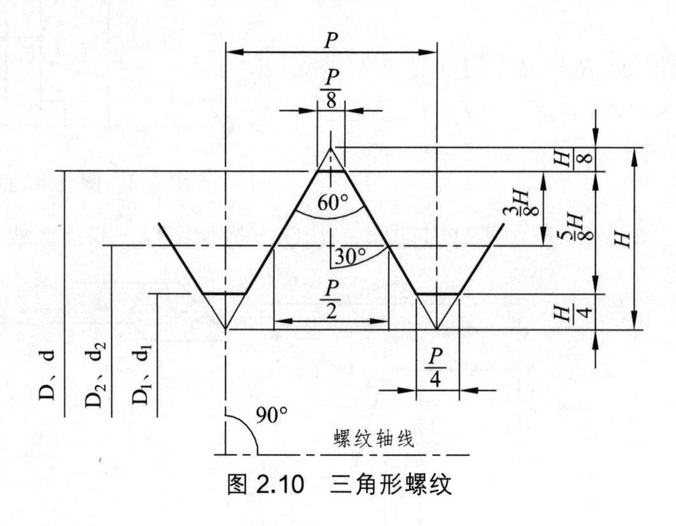


图 2.10　三角形螺纹

计算过程如下：

$H$（原始三角形高度）= 0.866$P$（螺距）；

考虑螺纹加工牙型的膨胀量，螺纹加工前工件直径为 $D/d-0.1P$，即螺纹大径减 0.1 螺距；

螺纹小径（$D_1$ 或 $d_1$）= $D$（大径，公称直径）- 1.082 5$P$；

牙深 = 0.6495$P$。

（2）G82 指令格式：

G82 X_ Z_ I_ R_ E_ C_ P_ F_

说明：

① X、Z：绝对值编程时，为螺纹终点 *C* 在工件坐标系下的坐标；增量值编程时，为螺纹终点 *C* 相对于循环起点 *A* 的有向距离，图形中用 U、W 表示。

② I：螺纹起点 *B* 与螺纹终点 *C* 的半径差，其符号为差的符号（无论是绝对值编程还是增量值编程）。

③ R、E：螺纹切削的退尾量，R、E 均为向量，R 为 Z 向回退量，E 为 X 向回退量；R、E 可以省略，表示不用回退功能。

④ C：螺纹头数，为 0 或 1 时切削单头螺纹；

⑤ P：单头螺纹切削时，为主轴基准脉冲处距离切削起始点的主轴转角（缺省值为 0）；多头螺纹切削时，为相邻螺纹头的切削起始点之间对应的主轴转角。

⑥ F：螺纹导程；

常用螺纹切削的进给次数与吃力量见表 2.2。

表 2.2　常用螺纹切削的进给次数与吃到量　　mm

| 螺距 | | 1.0 | 1.5 | 2.0 | 2.5 | 3.0 | 3.5 | 4.0 |
|---|---|---|---|---|---|---|---|---|
| 牙深（半径值） | | 0.649 | 0.974 | 1.299 | 1.624 | 1.949 | 2.273 | 2.598 |
| 切削次数及吃刀量（直径值） | 1 次 | 0.7 | 0.8 | 0.9 | 1.0 | 1.2 | 1.5 | 1.5 |
| | 2 次 | 0.4 | 0.6 | 0.6 | 0.7 | 0.7 | 0.7 | 0.8 |
| | 3 次 | 0.2 | 0.4 | 0.6 | 0.6 | 0.6 | 0.6 | 0.6 |
| | 4 次 | — | 0.16 | 0.4 | 0.4 | 0.4 | 0.6 | 0.6 |
| | 5 次 | — | — | 0.1 | 0.4 | 0.4 | 0.4 | 0.4 |
| | 6 次 | — | — | — | 0.15 | 0.4 | 0.4 | 0.4 |
| | 7 次 | — | — | — | — | 0.2 | 0.2 | 0.4 |
| | 8 次 | — | — | — | — | — | 0.15 | 0.3 |
| | 9 次 | — | — | — | — | — | — | 0.2 |

该指令执行图 2.11 所示 *A*→*B*→*C*→*D*→*A* 的轨迹动作。

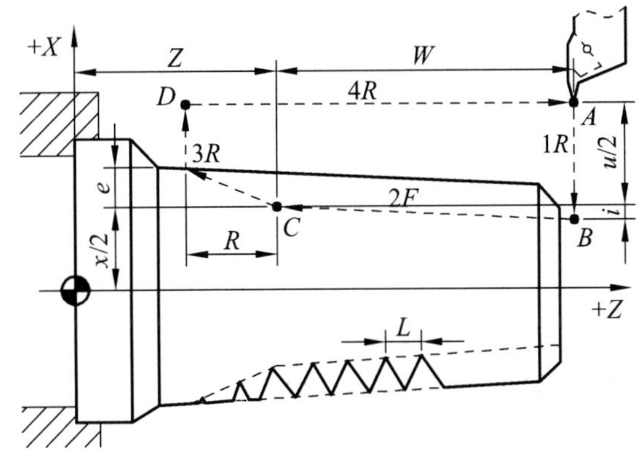


图 2.11　锥螺纹切削循环

**例 2.3**　加工如图 2.12 所示零件螺纹，用 G82 指令编程，毛坯外形已加工完成。

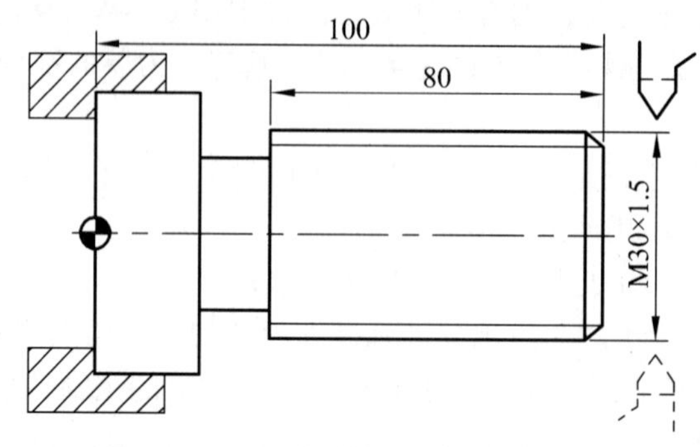


图 2.12　G82 切削循环编程实例

**解**　根据如图 2.12 所示坐标系，编制程序如下：

| | |
|---|---|
| O 3323 | |
| N10 T0101 | |
| N20 G00 X35 Z104 | （到循环起点） |
| N30 M03 S300 | （主轴以 300 r/min 正转） |
| N40 G82 X29.2 Z18.5 C1 P180 F15 | （第一次循环切螺纹，切深 0.8 mm） |
| N50 G82 X28.6 Z18.5 C1 P180 F15 | （第二次循环切螺纹，切深 0.4 mm） |
| N60 G82 X28.2 Z18.5 C1 P180 F15 | （第三次循环切螺纹，切深 0.4 mm） |
| N70 G82 X28.04 Z18.5 C1 P180 F15 | （第四次循环切螺纹，切深 0.16 mm） |
| N80 M30 | （主轴停、主程序结束并复位） |

## 2.2　车削复合循环

数控车床还有复合固定循环的功能。其中用 G71、G72、G73、G76 代码分别进行精车循环、外圆粗车循环、端面粗车循环、固定形状粗车循环和螺纹循环。复合固定切削循环指令主要用于非一次走刀能完成加工的场合，要在粗车和多次走刀切螺纹的情况下使用。利用复合固定循环功能，只要编写出最终走刀路线，给出每次切除余量和循环次数，机床即可以自动完成重复切削直到加工结束。

车削加工有四类复合循环，分别是

G71：内（外）径粗车复合循环；

G72：端面粗车复合循环；

G73：封闭轮廓复合循环；

G76：螺纹切削复合循环。

运用这组复合循环指令，只需指定精加工路线和粗加工的吃刀量，系统就会自动计算粗加工路线和走刀次数。

## 2.2.1　内（外）径粗车复合循环 G71

扫描二维码
观看 G71 复合循环指令

（1）内（外）径粗车复合循环指令 G71 编程格式：

G71 U（Δd）R（r）P（ns）Q（nf）X（Δx）Z（Δz）F（f）S（s）T（t）

该指令执行如图 2.13 所示的粗加工和精加工流程。

说明：

① Δd：切削深度（每次切削量），指定时不加符号，方向由矢量 *AA′*决定；

② r：每次退刀量；

③ ns：精加工路径第一程序段的顺序号；

④ nf：精加工路径最后程序段的顺序号；

⑤ Δx：X 方向精加工余量；

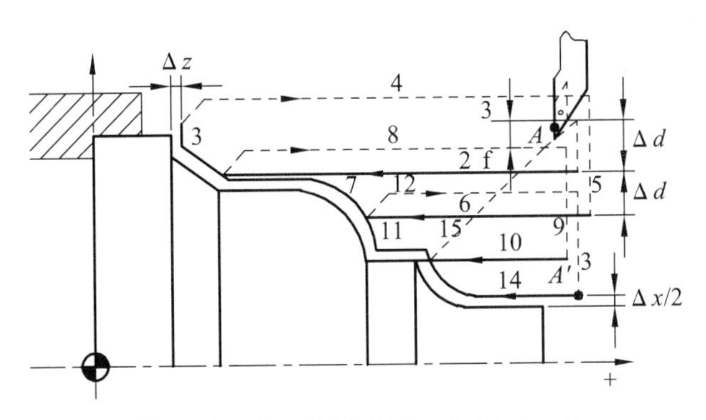


图 2.13　内、外径粗切复合循环 G71

⑥ Δz：Z 方向精加工余量；

⑦ f，s，t：粗加工时 G71 中编程的 F、S、T 有效，而精加工时处于 ns 到 nf 程序段之间的 F、S、T 有效。

G71 切削循环下，切削进给方向平行于 Z 轴，X（ΔU）和 Z（ΔW）的符号如图 2.14 所示。其中，“(＋)”表示沿轴正方向移动，“(－)”表示沿轴负方向移动。

（2）实例。

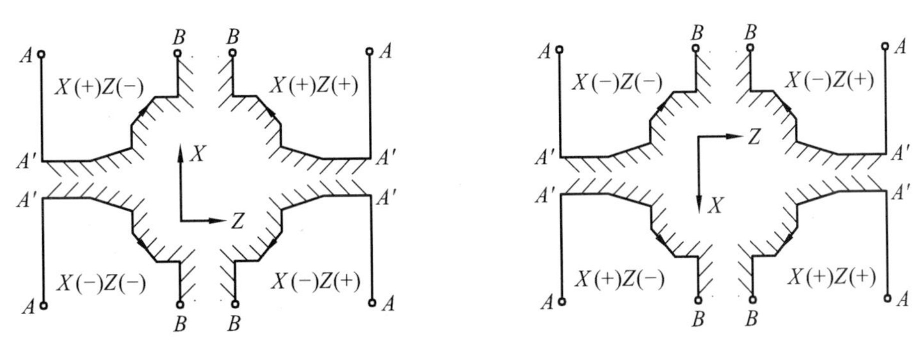


图 2.14　G71 复合循环下 X（ΔU）和 Z（ΔW）的符号

**例 2.4**　试编写图 2.15 所示工件的数控加工程序，材料 45 号钢，毛坯尺寸 $\phi$40 mm × 55 mm。

**解**　用两把车刀加工，1 号刀为外圆刀，2 号刀为切断刀。

根据如图 2.15 所示坐标，编制程序如下：

```
O1234
N10 T0101
N20 M03 S800
N30 G00 X43 Z4
N40 G71 U1.5 R1 P50 Q100 X0.3 Z0.1 F100
N50 G00 X0
N60 G01 Z0 F50
N70 X20
N80 Z-10
N90 X35
N100 Z-32
N110 G00 X100 Z100
N120 T0202
N130 G00 X40 Z-31
N140 G01 X0 F50
N150 G00 X100
N160 Z100
N170 M30
```

倒头装夹工件，车左端面程序略。

图 2.15　台阶轴

## 2.2.2　端面粗车复合循环 G72

（1）端面粗车复合循环指令 G72 编程格式：

G72 W（Δd）R（r）P（ns）Q（nf）X（Δx）Z（Δz）F（f）S（s）T（t）

该循环与 G71 的区别仅在于切削方向平行于 *X* 轴，它执行如图 2.16 所示的粗加工和精加工。

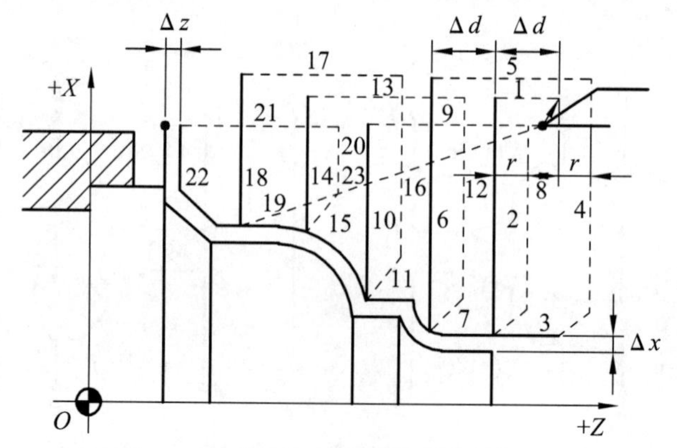


图 2.16　端面粗车复合循环 G72

说明：

① Δd：切削深度（每次切削量），指定时不加符号，方向由矢量 AA′决定；

② r：每次退刀量；

③ ns：精加工路径第一程序段的顺序号；

④ nf：精加工路径最后程序段的顺序号；

⑤ Δx：X 方向精加工余量；

⑥ Δz：Z 方向精加工余量；

⑦ f、s、t：粗加工时 G71 中编程的 F、S、T 有效，而精加工时处于 ns 到 nf 程序段之间的 F、S、T 有效。

在 G72 切削循环下，切削进给方向平行于 X 轴，X（ΔU）和 Z（ΔW）的符号如图 2.17 所示。其中，“(+)”表示沿轴的正方向移动，“(－)”表示沿轴负方向移动。

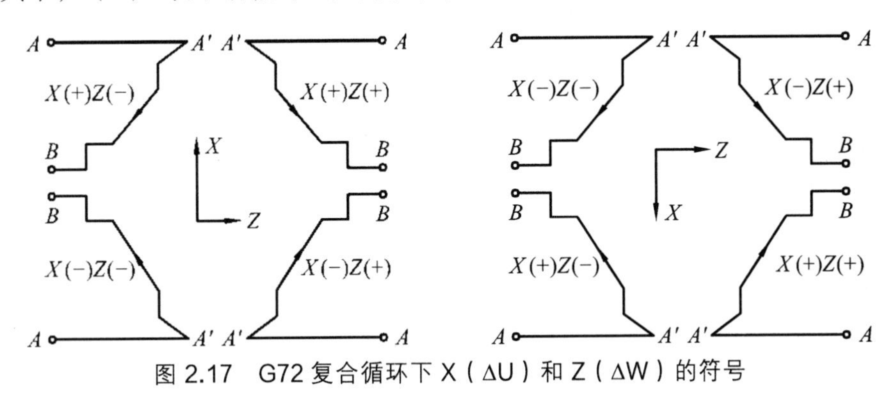


图 2.17　G72 复合循环下 X（ΔU）和 Z（ΔW）的符号

注意：

① G72 指令必须带有 P、Q 地址，否则不能进行该循环加工；

② 在 ns 的程序段中应包含 G00/G01 指令，进行由 *A* 到 *A′*的动作，且该程序段中不应编有 *X* 向移动指令；

③ 序号 ns 到序号 nf 的程序段中，可以有 G02/G03 指令，但不应包含子程序。

（2）实例。

**例 2.5**　加工如图 2.18 所示零件，试编写加工程序。

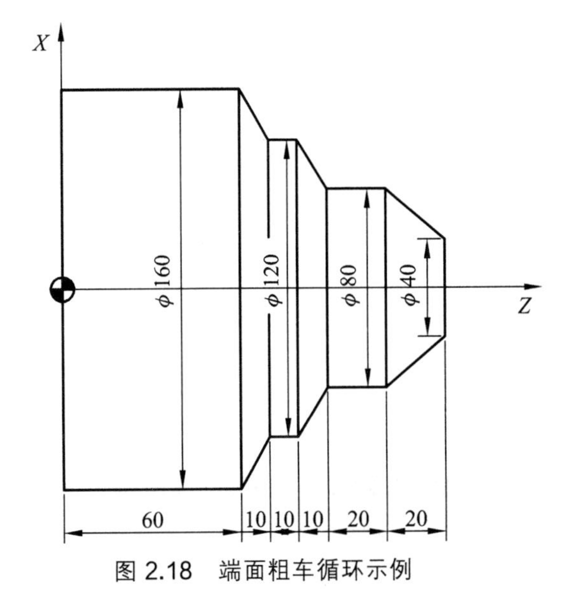


图 2.18　端面粗车循环示例

**解**　根据如图 2.18 所示坐标系，编制程序如下：

O 1233

N10 T0101

N20 M03 S800

N30 G00 X200 Z200

```
N40 G72 W3 R0.5 P50 Q120 X2 Z0.5 F100
N50 G00 Z60
N60 G01 X160 F50
N70 G01 X120 Z70
N80 Z80
N90 X80 Z90
N100 Z110
N110 X40 Z130
N120 X36 Z132
N130 G00 X200 Z200
N140 M02
```

### 2.2.3 闭环车削复合循环 G73

闭环车削复合循环指令 G73 编程格式：

G73 U（ΔI）W（ΔK）R（r）P（ns）Q（nf）X（Δx）Z（Δz）F（f）S（s）T（t）

该功能在切削工件时刀具轨迹为如图 2.19 所示的封闭回路，刀具逐渐进给，使封闭切削回路逐渐向零件最终形状靠近，最终切削成工件的形状。该指令应用于铸造、锻造等已初步成形的毛坯工件的加工。

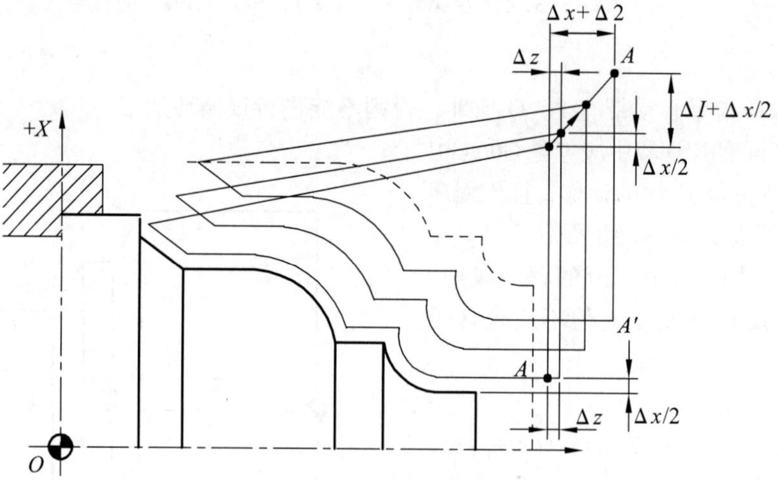

图 2.19 闭环车削复合循环 G73

说明：

① ΔI：X 轴方向的粗加工总余量；

② ΔK：Z 轴方向的粗加工总余量；

③ r：粗切削次数；

④ ns：精加工路径第一程序段的顺序号；

⑤ nf：精加工路径最后程序段的顺序号；

⑥ Δx：X 方向精加工余量；

⑦ Δz：Z 方向精加工余量；

⑧ f，s，t：粗加工时 G71 中编程的 F、S、T 有效，而精加工时处于 ns 到 nf 程序段之间的 F、S、T 有效。

注意：

① $\Delta I$ 和 $\Delta K$ 表示粗加工时总的切削量，粗加工次数为 $r$，则每次 $X$、$Z$ 方向的切削量为 $\Delta I/r$、$\Delta K/r$；

② 按 G73 段中的 $P$ 和 $Q$ 指令值实现循环加工时，要注意$\Delta x$ 和$\Delta z$、$\Delta I$ 和$\Delta K$ 的正负号。

## 2.2.4　螺纹切削复合循环 G76

扫描二维码
观看 G76 合循环指令

（1）螺纹切削复合循环 G76 编程格式：

G76 C（c）R（r）E（e）A（a）X（x）Z（z）I（i）K（k）U（d）V（$\Delta d_{min}$）Q（Δd）P（p）F（L）

螺纹切削固定循环 G76 执行如图 2.20 所示的加工轨迹，其单边切削及参数如图 2.21 所示。

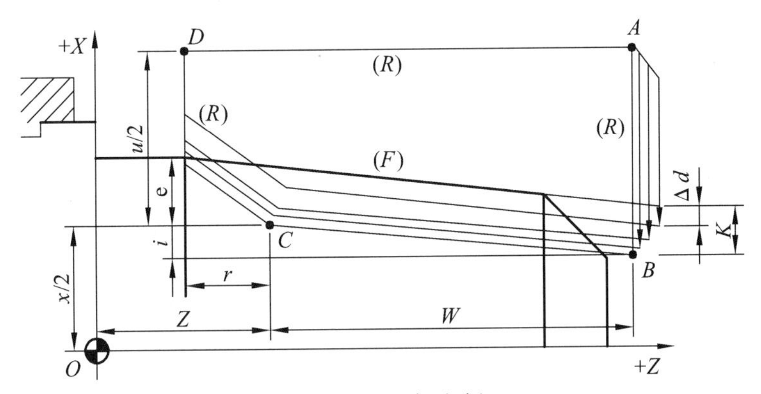


图 2.20　螺纹切削复合循环 G76

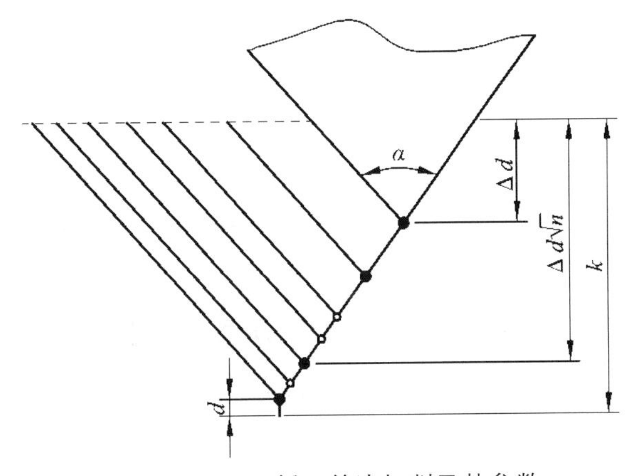


图 2.21　G76 循环单边切削及其参数

说明：

① c：精整次数（1 ~ 99），为模态值。

② r：螺纹 Z 向退尾长度（00 ~ 99），为模态值。

③ e：螺纹 X 向退尾长度（00 ~ 99），为模态值。

④ a：刀尖角度（二位数字），为模态值，可在 80°、60°、55°、30°、29°和 0°六个角度中选一个。

⑤ x、z：绝对值编程时，为有效螺纹终点 *C* 的坐标；增量值编程时，为有效螺纹终点 *C* 相对于循环起点 *A* 的有向距离。（用 91 指令定义为增量编程，使用后用 90 定义为绝对编程。）

⑥ i：螺纹两端的半径差，如 i = 0 时，为直螺纹（圆柱螺纹）切削方式。

⑦ k：螺纹高度，该值由 X 轴方向上的半径值指定。

⑧ $\Delta d_{min}$：最小切削深度（半径值），当第 *n* 次切削深度（ $\Delta d\sqrt{n}-\Delta d\sqrt{n-1}$ ）小于$\Delta d_{min}$时，则切削深度设定为$\Delta d_{min}$。

⑨ d：精加工余量（半径值），Δd 表示第一次切削深度（半径值）。

⑩ p：主轴基准脉冲处距离切削起始点的主轴转角。

⑪ L：螺纹导程（同 32）。

注意：

① 按 76 段中的 X（x）和 Z（z）指令实现循环加工，用增量编程时，要注意 u 和 w 的正负号（由刀具轨迹 *AC* 和 *CD* 段的方向决定）。

② 用 76 循环进行单边切削，减小了刀尖的受力。第一次切削时切削深度为Δd，第 n 次的切削总深度为 $\Delta d\sqrt{n}$ ，每次循环的背吃刀量为 $\Delta d(\sqrt{n}-\sqrt{n-1})$ 。

③ 在图 2.20 中，*B* 到 *C* 点的切削速度由 F 代码指定，而其他轨迹均为快速进给。

（2）加工实例。

**例 2.6** 如图 2.22 所示，零件除螺纹外的外形已加工完成，用 G76 指令编写加工螺纹程序。

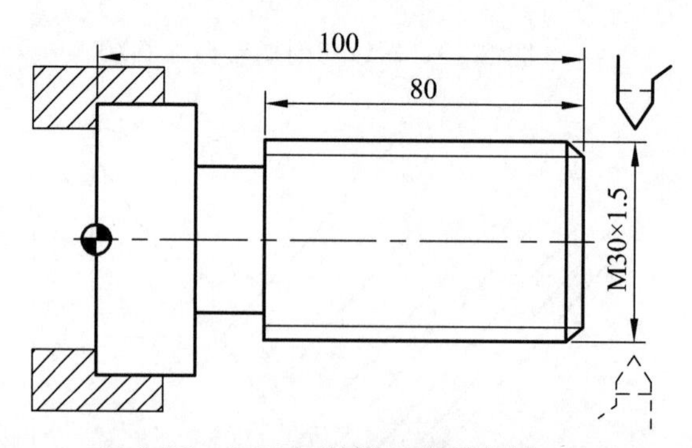


图 2.22 G82 切削循环编程实例

**解** 根据如图 2.22 所示坐标系，编制程序如下：

O3323

N10 T0101

```
N20 G00 X35 Z104                          （到循环起点）
N30 M03 S300                              （主轴以 300 r/min 正转）
N40 G76 C1 A60 X28.38 Z18.5 K0.974 U0.05 V0.08 Q0.4 F1.5
N50 M30                                   （主轴停、主程序结束并复位）
```

## 2.3　数控车削加工实训

### 2.3.1　数控车床安全操作规程

扫描二维码
观看数控车床操作安全

（1）数控车床操作实训不准穿拖鞋、凉鞋、高跟鞋、裙子及有吊带装饰的服装。

（2）严禁戴手套、围巾操作车床。

（3）女同学操作机床时需带帽子或发套。

（4）检查机床、工作台、导轨及主要滑动面有无障碍物、工具、铁屑、杂质等。

（5）检查安全防护、制动、限位和换向等装置是否齐全完好。

（6）检查机械、液压、气动等开关和各刀架是否处于工作状态。

（7）装夹好工件后，应及时取下夹头扳手，禁止夹头扳手放在夹头上。

（8）启动车床主轴前，应检查主轴夹头上有无夹头扳手。

（9）切削过程中，应关上机床防护门，刀具未离开工件不准停车，不准打开防护门。

（10）应按工艺规定进行加工，不准任意加大进刀量，不准超规范、超负荷、超重量使用机床。

（11）不准擅自拆卸机床上的安全防护装置。

（12）密切注意机床的运转情况，有异常情况应立即停车检查，排除故障后方可继续工作。

（13）严禁多人同时操作机床，机床工作过程中，操作者不得离开操作岗位。

（14）加工完成后，停止机床运转，切断电源、气源，清扫工作现场，打扫机床卫生。

（15）应对导轨面、转动和滑动面、定位基准面、工作台面等加油保养。

### 2.3.2　数控车床基本操作（实训一）

1. 实训目的与要求

（1）掌握数控车床基本操作。

（2）学习数控系统的基本操作方法。

2. 实训设备与工具

（1）配 HNC-21T 车床数控系统的 CJK6032、CK6140 数控车床。

（2）配 HNC-22T 车床数控系统的 C2-6136HK 数控车床。

（3）木棒一根（直径 35 mm，长 50 ~ 60 mm）。

（4）外圆车刀、切断刀、螺纹车刀。

扫描二维码
观看数控车床 CJK6032
基本操作与对刀

3. CJK6032-4 数控车床的操作

（1）HNC-21T 数控系统操作面板如图 2.23 所示。

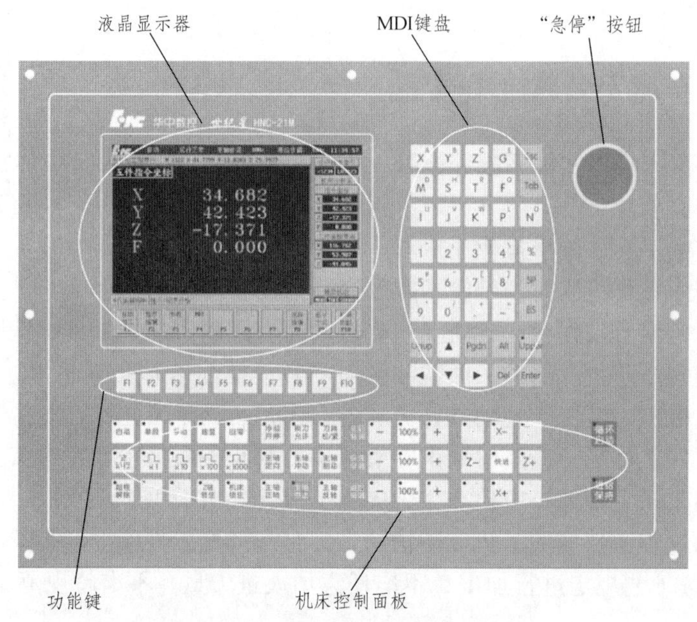


图 2.23　HNC-21T 数控系统操作面板

（2）HNC-21T 数控系统软件操作界面如图 2.24 所示。

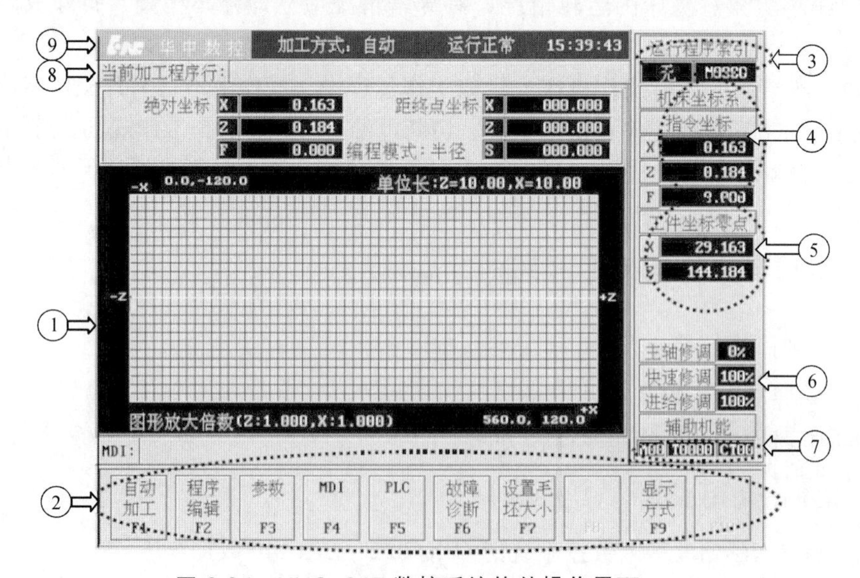


图 2.24　HNC-21T 数控系统软件操作界面

由图2.24可知，该系统软件操作界面由如下几部分组成：

① 图形显示窗口。可以根据需要，用功能键“F9”设置窗口的显示内容。

② 菜单命令条。可通过菜单命令条中的功能键“F1～F10”来完成系统功能的操作。

③ 运行程序索引。自动加工中的程序名和当前程序段行号。

④ 选定坐标系下的坐标值。坐标系可在“机床坐标系”“工件坐标系”“相对坐标系”之间切换示，显示值可在“指令位置”“实际位置”“剩余进给”“跟踪误差”“负载电流”“补偿值”之间切换（负载电流只对2型伺服有效）。机床坐标是指刀具当前位置在机床坐标系下的坐标，剩余进给是指当前程序段的终点与实际位置之差。

⑤ 工件坐标系零点。工件坐标系零点在机床坐标系下的坐标。

⑥ 主轴、快速、进给修调倍率值。

⑦ 当前辅助机能。自动加工中的M、S、T代码前的加工程序行。

⑧ 当前正在或将要加工的程序段。

⑨ 当前加工方式、系统运行状态及当前时间。工作方式是指系统工作方式根据机床控制面板上相应按键的状态可在“自动（运行）”“单段（运行）”“手动（运行）”“增量（运行）”“回零”“急停”“复位”等之间切换。运行状态是指系统工作状态在“运行正常”和“出错”之间切换。系统时钟是指当前系统时间。

（3）HNC-21T数控系统的功能菜单结构。

操作界面中最重要的是菜单命令条。系统功能的操作主要通过菜单命令条中的功能键“F1～F10”来完成。由于每个功能包括不同的操作，菜单采用层次结构，即在主菜单下选择一个菜单项后，数控装置会显示该功能下的子菜单，用户可根据该子菜单的内容选择所需的操作，如图2.23所示。

当要返回主菜单时，按子菜单下的“F10”键即可。

系统的菜单命令如图2.25所示。在主菜单中按下“F1”键，即出现“自动加工”子菜单，在子菜单中按下“F10”返回键，即返回到主菜单显示。

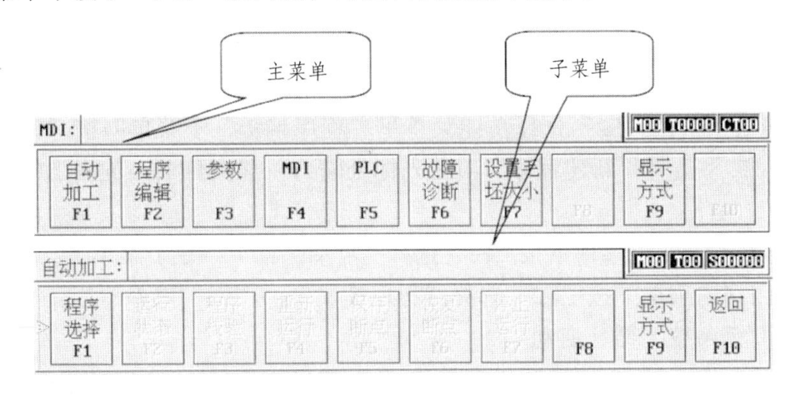


图2.25　菜单层次

HNC-21T数控系统软件的菜单结构如图2.26所示。

注意：本书约定用格式“F1→F4”表示在主菜单下按“F1”键，然后在子菜单下按“F4”键。

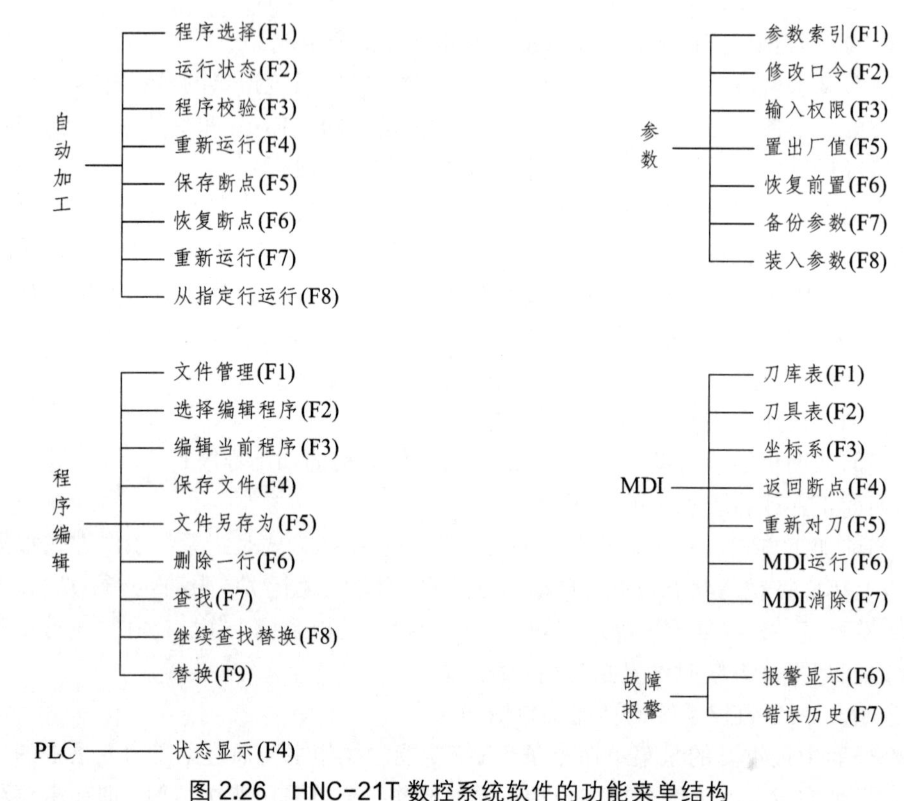


图 2.26　HNC-21T 数控系统软件的功能菜单结构

本系统每个弹出式菜单的每一项一般都有对应的快捷键。例如，图 2.27 所示的弹出式菜单“正在编辑的程序”项的快捷键为“F2”，在此菜单下直接按“F2”键等价于用方向键把蓝色的亮条移到此项上按“Enter”键。

磁盘程序　F1
正在编辑的程序　F2

图 2.27　弹出式菜单亮条

（4）CJK6032、CK6140 数控车床操作步骤。

① 开机操作：按下“急停”按钮→打开机床电源→右旋弹起“急停”按钮→按控制面板“回参考点”键→按面板上方向键“+X”—按“+Z”。（机床进行回零操作）

② 程序输入：按“F2”选择功能菜单里“程序编辑”子菜单→按“F1”选择“文件管理”→按“F2”选择“新建程序”→在光标处输入新建文件名→输入已编写好的加工程序→按“F4”保存。

③ 程序校验：在主菜单下按“F1”选择“自动加工”→在子菜单下按“F1”选择“程序选择”→回到主菜单下按“F2”选择“程序编辑”→“F3”选择“程序校验”→按控制面板“自动”键→按“循环启动”。

④ 对刀操作：按“F4”选择功能菜单里“MDI”子菜单→按“F2”键选择“刀偏表”。

⑤ 外圆刀对刀方法：主轴以 600 r/min 转正转，操作机床，用外圆车刀试切工件外圆→“+Z”向退刀→停止主轴→测量试切后工件直径→按刀具补偿→选择刀偏表→在外圆车刀所对应刀偏号的“试切直径”栏里输入测量的直径值→手动操作机床用外圆车刀试切工

件端面→在“试切长度”栏里输入“0”。（在采用试切法对刀的时候背吃刀量不宜取得过大，只要在工件上试切到能够准确测量尺寸的基准圆或基准面就可以了）

⑥ 切断刀对刀方法：主轴以 600 r/min 正转，操作机床，用切断刀主切削刃接触外圆车刀试切后的工件外圆→按刀具补偿→刀偏表→在切断刀所对应的刀偏号的“试切直径”栏里输入测量的直径值→操作机床，用切断刀左副切削刃接触工件右端面→在“试切长度”栏里输入切断刀的刀宽值。（切断刀试切对刀时可以利用外圆车刀已经车出的基准圆或面，但是在对刀时，刀具靠近工件后，需要用增量的方式并将倍率调整到 10 倍以下，缓慢接触工件。）

⑦ 螺纹刀对刀方法：主轴以 600 r/min 正转，操作机床，用螺纹刀的刀尖接触外圆刀试切后的工件外圆→按刀具补偿→刀偏表→在螺纹刀所对应的刀偏号的“试切直径”栏里输入测量的直径值→操作机床，用螺纹刀刀尖对齐工件右端面→在“试切长度”栏里输入“0”。

⑧ 程序试切：按“F1”键选择功能菜单里“自动加工”子菜单→按“F7”选择“重新运行”→调整快速修调倍率至 20%→按控制面板“单段”→按“循环启动”→观察刀具路径是否和程序要求轨迹一致。

⑨ 程序加工：程序试切完成后，如无异样→选择“重新运行”→按控制面板“自动”→按“循环启动”键完成程序加工。

（5）C2-6136HK 数控车床操作步骤。

① 开机操作：按下“急停”按钮→打开机床电源→右旋弹起“急停”按钮→按控制面板“回参考点”键→按面板上方向键“+X”—按“+Z”。（机床进行回零操作）

② 程序输入：按“F1”选择功能菜单里“程序”子菜单→按“F2”选择“编辑程序”→按“F3”选择“新建程序”→在光标处输入新建文件名→输入已编写好的加工程序→按“F4”键保存。

③ 程序校验：在程序子菜单下按“F5”键选择“程序校验”→按控制面板“自动”键→按“循环启动”。（可以通过“F9”键进行屏幕显示切换）

④ 对刀操作：按“F4”键选择功能菜单里“刀具补偿”子菜单→按“F1”选择“刀偏表”。

⑤ 外圆刀对刀方法：主轴以 600 r/min 正转，选取增量方式，操作机床手轮，用外圆车刀试切工件外圆和端面，车出测量的基准圆和基准面，在刀偏表，外圆车刀对应的刀偏号的“试切直径”和“试切长度”栏里输入测量的值，具体操作过程可以参照上述 CJK6032 车床的操作流程。

⑥ 切断刀对刀方法：主轴以 600 r/min 正转，选取增量方式，操作机床手轮，用切断刀接触外圆车刀试切后的工件外圆和端面，在刀偏表，切断刀所对应的刀偏号的“试切直径”和“试切长度”栏里输入测量的值，具体操作过程可以参照上述 CJK6032 车床的操作流程。

⑦ 螺纹刀对刀方法：主轴以 600 r/min 正转，选取增量方式，操作机床手轮，用螺纹刀接触外圆车刀试切后的工件外圆和端面，在刀偏表，螺纹刀所对应的刀偏号的“试

切直径”和“试切长度”栏里输入测量的值，具体操作过程可以参照上述 CJK6032 车床的操作流程。

⑧ 程序试切：按“F1”键选择功能菜单里“程序”子菜单→按“F7”键选择“重新运行”→调整快速修调倍率至 20%→按控制面板“自动”键→按“循环启动”→观察真实刀具路径是否和程序一致。（如屏幕显示的是代码，则可以通过“F9”键来切换到图形显示方法）。

⑨ 程序加工：如程序试切后无异样，可按控制面板“自动”键完成程序加工。

4. 实训内容

（1）现场了解数控机床的组成及功能。

（2）接通电源，启动系统，进行手动“回零”“点动”“步进”操作。

5. 实训总结

数控机床具有加工精度高、能作直线和圆弧插补以及在加工过程中能进行多轴联动等功能特点。数控车床和数控铣床是数控加工中最常用的数控机床。数控车床主要用于回转体类零件的加工，能自动完成内（外）圆柱体、圆锥体及母线为各种曲线的旋转体、螺纹等工序的切削加工，并能进行切槽及钻、扩、铰孔等工作。数控铣床主要用于各类较复杂的平面、曲面和壳体类零件的加工。它还能进行铣槽及钻、扩、铰、镗孔的工作。

6. 思考题

（1）数控车床由哪几部分组成？

（2）为什么每次启动系统后都要进行“回零”操作？

（3）执行程序段“G91 X-10 Z-20”过程中，机床进给速度是多少？为什么？

（4）数控车床在用试切法对刀的时候要注意哪些事项？

### 2.3.3 台阶轴编程加工（实训二）

扫描二维码
观看台阶轴编程与加工

1. 实训目的与实训要求

（1）掌握数控车床加工轴类零件的方法。

（2）学习金属轴类零件的加工工艺。

2. 实训设备与工具

（1）CJK6032、CK6140、C2-6136HK 数控车床。

（2）45#钢棒料：长 100 ~ 110 mm，直径 32 mm。

（3）90°外圆车刀、3.5 mm 宽切断刀。

（4）游标卡尺、外径千分尺。

3. 加工实例

**例 2.7** 加工如图 2.28 所示的台阶轴，试编制加工程序。

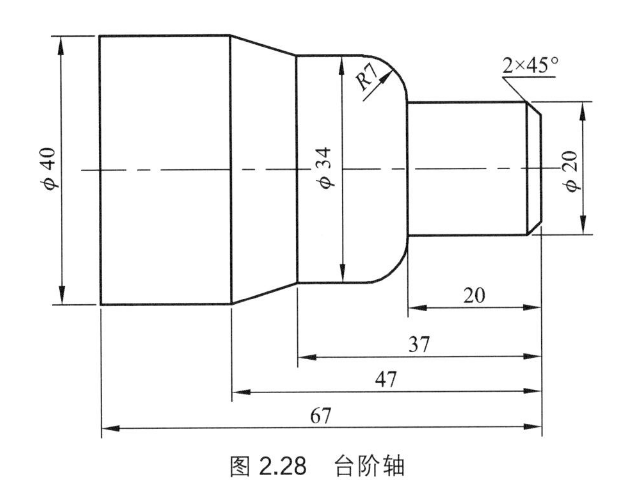


图 2.28　台阶轴

**解**　（1）装夹与定位：机床为空心主轴，用三爪卡盘夹紧棒料，工件前端面距卡爪端面距离 95 mm。

（2）工艺拟定：

① 粗车外圆和端面，外圆留 0.3 mm 的余量，端面留 0.1 mm 的余量；

② 精车外圆和端面到尺寸；

③ 用切断刀切断。

（3）转速：在粗车金属材料时，需要降低主切削的速度，以有效控制切削温度，因此主轴转速控制在 800 r/min；精车时，需要提高零件的表面光洁度，所以要提高转速到 1 000 ~ 1 600 r/min。切断时，由于切断刀主切削刃受径向切削力较大，发热量高，因此，我们将主轴转速控制在 600 r/min。

（4）进给速度：外圆车刀粗车时，进给速度设为 80 mm/min，精车时可适当降低速度；切断刀进给速度设为 10 mm/min。

（5）进退刀量：如使用 G71，每次进刀量不超过 0.8 mm，每次退刀量为 1 mm。

（6）进刀方式：加工金属时，切断刀在切断时经常因为铁屑不能及时排出挤压刀尖而造成刀具损坏。为避免这种情况出现，我们应该采用啄式进刀方式切断，即切削一定距离后退刀到零件外，然后再次进刀。

（7）加工起点、换刀点的确定：由于工件较小，为了使加工路径清晰，加工起点与换刀点可以设为同一点。其位置的确定原则为：该处方便拆卸工件，不发生碰撞，空行程不长等，特别注意尾座对 *Z* 轴位置的限制，故应放在 *Z* 向距工件前端面 100 mm、*X* 向距轴心线 50 mm 的位置。

（8）数学计算：假设以工件右端面与轴线的交点为程序原点，建立工件坐标系，计算各节点位置的坐标值。

参考程序如下：

| | |
|---|---|
| O 3333 | 程序号（也可以用%带 4 位数字表示） |
| N10 T0101 | 换 1 号外圆粗加工车刀，确定其坐标系 |
| N20 M03 S800 | 主轴正转，转速 800 r/min |

| | |
|---|---|
| N30 G00 X44 Z2 | 快速定位到（X44，Z2）点 |
| N40 G71 U1.5 R1 P90 Q170 X0.3 Z0.1 F100 | 外径粗车复合循环粗车外径 |
| N50 G00 X100 | 粗加工后，到换刀点位置 |
| N60 Z200 | |
| N70 T0202 | 换 2 号外圆精加工车刀 |
| N80 G00 X44 Z2 | 到精加工起点 |
| N90 G00 X0 | 精加工轮廓开始 |
| N100 G01 Z0 F50 | 刀具接触工件 |
| N110 X16 | 精加工端面 |
| N120 X20 Z-2 | 精加工 2×45° 倒角 |
| N130 Z-20 | 精加工外径 |
| N140 G03 X34 Z-27 R7 | 精加工 *R*7 圆弧 |
| N150 G01 Z-37 | 精加工 $\phi$34 外圆 |
| N160 X40 Z-47 | 精加工锥面 |
| N170 Z-68 | 精加工 $\phi$40 外圆 |
| N180 G00 X100 | 粗加工后，到换刀点位置 |
| N190 Z200 | |
| N200 T0303 | 换 3 号切断刀 |
| N210 M03 S800 | 主轴以 800 r/min 正转 |
| N220 G00 X44 Z-67 | 到切断起点位置 |
| N230 G01 X0 F50 | 切断 |
| N240 G00 X100 Z80 | 返回程序起点位置 |
| N250 M30 | 主轴停，主程序结束并复位 |

4. 实训内容

完成如图 2.29 ~ 2.32 所示零件的加工。

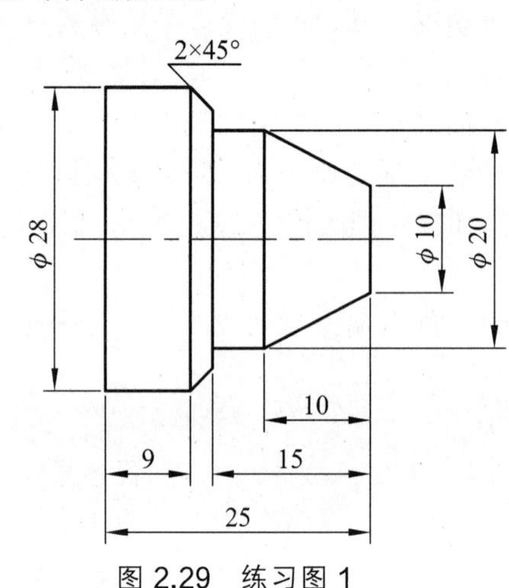


图 2.29　练习图 1

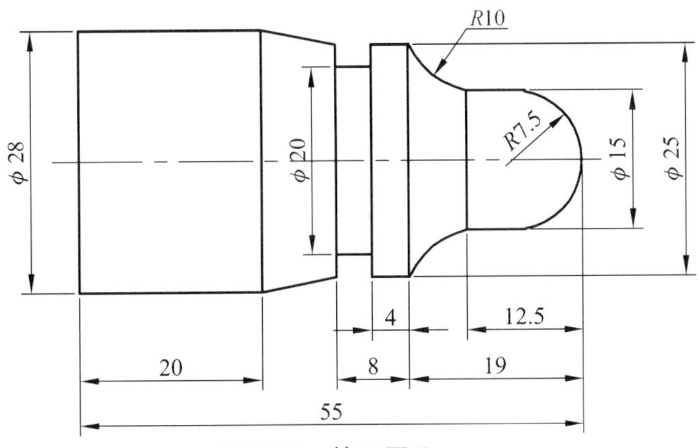


图 2.30　练习图 2

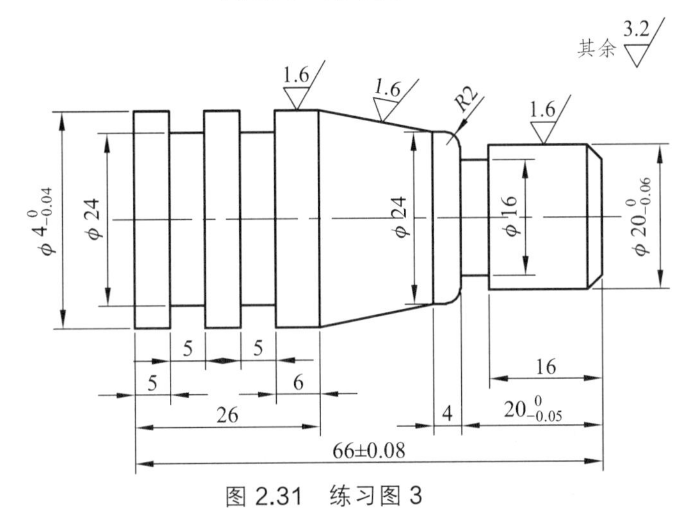


图 2.31　练习图 3

图 2.32　练习图 4

5. 实训总结

在使用数控车床切削金属时，我们要考虑到刀具材料、工件材料、切削温度、排屑、尺寸控制等方面的问题，所以要选择合理的切削用量，加工时要注意观察刀具的切削状态和排屑状况，安静、顺畅地排屑是刀具稳定工作的一个重要表现。反之，在切削工程中出现明显的噪声、振动都是刀具切削受力改变或者损坏表现，因此，操作要格外仔细。实训中要注意观察，每个小的失误都可能造成安全事故或者设备、人身的损坏。

6. 思考题

（1）数控车床在加工金属和木棒时有什么不同？

（2）车削轴类零件的时候，哪些因素会影响工件的表面粗糙度？

（3）外径千分尺怎样读数？可以精确到几位？一般来说误差为多少？

### 2.3.4 螺纹的编程及加工（实训三）

扫描二维码
观看螺纹与编程与加工

1. 实训目的与要求

（1）学习数控车床加工螺纹的工作原理，比较其与普通车床加工螺纹方法的异同。

（2）掌握螺纹加工工艺，掌握螺纹加工编程指令。

2. 实训仪器与设备

（1）CK6140、C2-6136HK、HTC2050 数控车床。

（2）45#钢棒料：长 100 ~ 110 mm，直径 32 mm。

（3）90°外圆车刀、公制螺纹车刀、3.5 mm 宽切断刀。

（4）螺纹环规。

3. 加工实例

**例 2.8** 加工如图 2.33 所示螺纹，试编制加工程序。

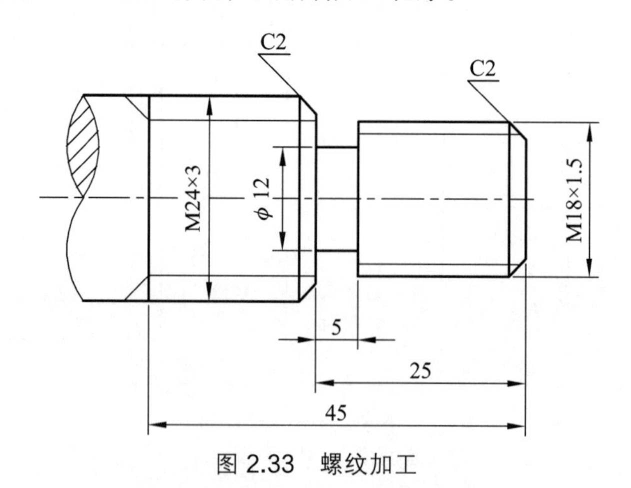


图 2.33 螺纹加工

**解**（1）装夹定位的确定：三爪卡盘夹紧定位，工件前端面距卡爪端面距离 70 mm；

（2）工艺拟定：

① 车 M18 的外圆尺寸到 17.85 mm，车 M24 的外圆尺寸到 23.7 mm；

② 切槽，切刀在槽底停留 2 s，保证尺寸；

③ 车 M18 和 M24 的螺纹；

④ 切断。

（3）转速：在粗车外圆时，主轴转速控制在 600 r/min；精车外圆时，提高转速到 1 000 ~ 1 600 r/min；切断时，主轴转速为 600 r/min。

（4）进给速度：外圆车刀粗车时进给速度设为 80 mm/min，精车时可适当降低速度；切断刀为进给速度设 10 mm/min。

（5）进退刀量：如使用 G71，每次进刀量不超过 0.8 mm，每次退刀量为 1 mm。

（6）加工起点、换刀点的确定：加工起点与换刀点放在 Z 向距工件前端面 100 mm、*X* 向距轴心线 50 mm 的位置。

（7）加工刀具的确定：外圆端面车刀的刀具主偏角为 93°；切刀的刀刃宽度为 3.5 mm；公制螺纹车刀的刀尖角为 60°；上述刀具的材质均为硬质合金。

（8）数值计算：考虑螺纹加工牙型的膨胀量，螺纹加工前工件直径为 $D/d-0.1P$，即螺纹大径减 0.1 螺距；根据上式，螺纹小径（$D_1$ 或 $d_1$）$=D$（大径，公称直径）$-1.08P$；牙深 $=0.649\ 5P$；常用螺纹切削的进给次数与吃刀量可以查表得出。

（9）假设程序原点，建立工件坐标系（以工件右端面与轴线的交点为程序原点），计算各节点位置坐标值。

参考程序如下：（分别用 G76 复合循环和 G82 循环进行螺纹加工）

```
O1111
T0101                                   换外圆车刀
M03 S600
G00 X30 Z4
G71 U1R1 P100 Q200 X0.6 Z0.1 F80        加工零件外圆
N100 G00 X0
G01 Z0 F60
X13.85
X17.85 Z-2                       考虑螺纹加工牙型的膨胀量，螺纹大径减 0.1 螺距
Z-25
X19.7
X23.7 Z-27
N200 Z-57
G00 X100 Z100
T0202                                   换切断刀
G00 X20 Z-20
```

```
G01 X12 F10                                      加工退刀槽
G04 P2                                           切刀在槽底停留 2 s
G00 X20                                          退刀
Z-21.5
G01 X12 F10
G04 P1
G00 X100
Z100
T0303                                            换螺纹刀
S300
G00 X20 Z5
G82 X19 Z-22.5 F1.5                              加工 M18×1.5 螺纹
G82 X18.3 Z-22.5 F1.5
G82 X17.7 Z-22.5 F1.5
G82 X17.1 Z-22.5 F1.5
G82 X16.6 Z-22.5 F1.5
G82 X16.35 Z-22.5 F1.5
G82 X16.35 Z-22.5 F1.5
G00 X26 Z-19
G76 C2 R-3 E3 A60 X20.753 Z-48 K1.949 U0.05 V0.1 Q0.6 F3
G00 X100 Z100
M30
```

4. 实训内容

完成如图 2.34 ~ 2.37 所示零件的加工，未注倒角为 1×45°。

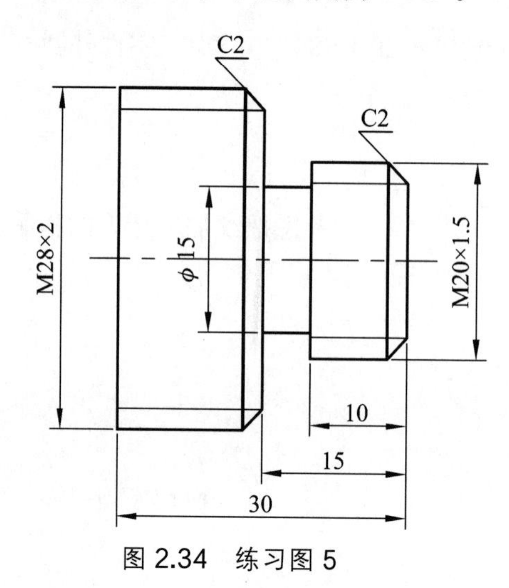


图 2.34　练习图 5

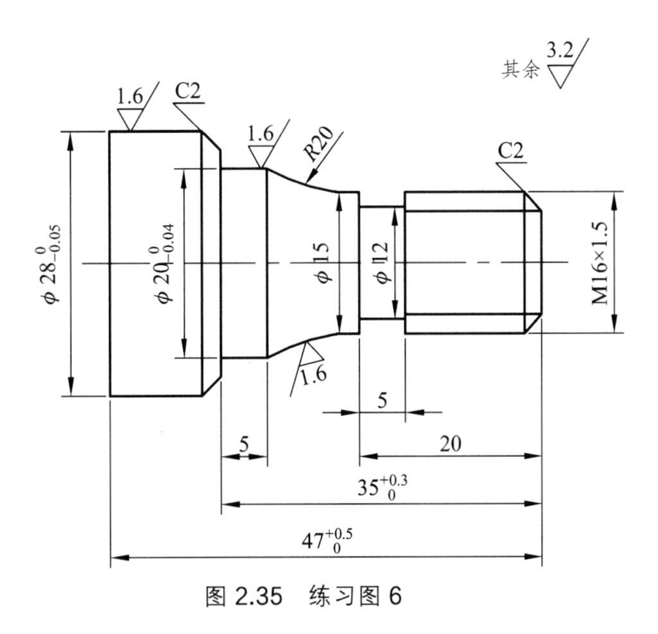


图 2.35　练习图 6

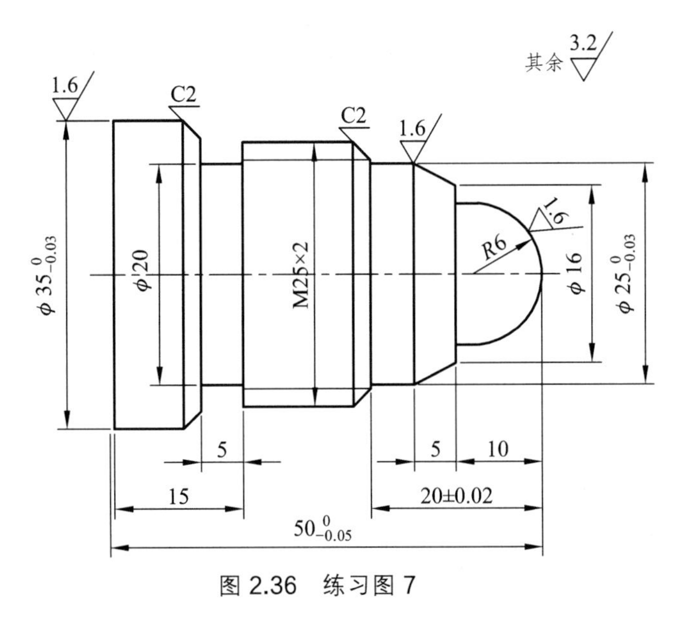


图 2.36　练习图 7

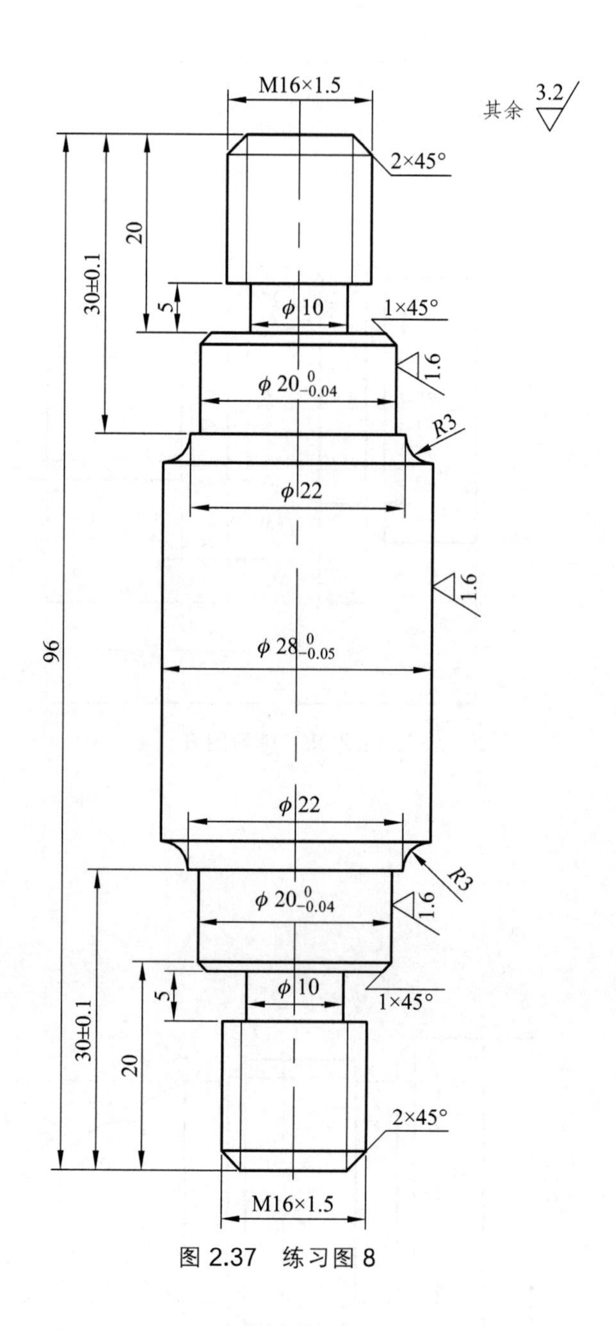


图 2.37　练习图 8

5. 实训总结

由于螺纹加工属于成型加工，为了保证螺纹的导程，加工时主轴旋转一周，车刀的进给量必须等于螺纹的导程（称转进给），进给量较大；另外，螺纹车刀的强度一般较差，故螺纹牙型往往不是一次加工而成的，需分多次进行切削，如欲提高螺纹的表面质量，可增加几次光整加工，并用螺纹环规检验。

普通机床加工螺纹，每次走刀都要手动合扣，对工人技术要求高，而且精度不高，效率低；而数控车床加工螺纹时，只要程序、对刀正确即可高效加工出高质量的工件，对工人的技能要求不高，零件的一致性好。

6. 思考题

（1）简述本节的零件加工设备（设备名称、型号、加工能力）。
（2）简述本节的零件加工过程（零件图、刀具运行轨迹、加工程序及过程概述）。
（3）数控车床加工螺纹时怎样保证不乱扣?
（4）车削螺纹时为何要分多次吃刀?

### 2.3.5　内孔编程加工（实训四）

1. 实训目的与实训要求

（1）学习数控车床加工轴类零件内孔的方法。
（2）掌握金属轴类零件加工内孔的编程方法。

2. 实训仪器与设备

（1）CK6140、C2-6136HK 、HTC2050 数控车床。
（2）45#钢棒料一根，长 100 ~ 110 mm，直径 32 mm。
（3）外圆车刀、内孔镗刀、中心钻、$\phi$16 的钻头、3.5 mm 宽切断刀。

3. 加工实例

**例 2.9**　加工如图 2.38 所示零件，试编制加工程序。

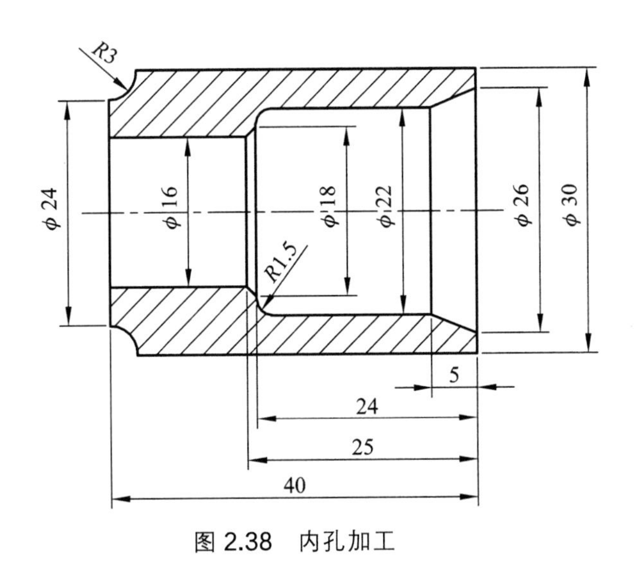


图 2.38　内孔加工

**解**　（1）装夹定位的确定：三爪卡盘夹紧定位，工件前端面距卡爪端面距离 50 mm;

（2）工艺拟定：

① 车$\phi$30 外圆和 R3 倒角；

② 切断，保证 40 mm 的总长；

③ 工件掉头并夹紧，工件端面距卡盘端面 10 mm；

④ 中心钻点中心孔；

⑤ $\phi$16 的钻头钻通孔，注意退刀排屑并刷油冷却；

⑥ 粗精镗内孔，保证$\phi$22 的尺寸。

（3）转速：在粗车外圆时，主轴转速控制在 600 r/min；精车外圆时，提高转速到 1 000 ~ 1 600 r/min；切断时，转速控制在 600 r/min；点中心孔时，转速控制在 1 000 r/min；$\phi$16 钻头钻孔时，转速控制在 500 r/min；镗刀镗内孔时转速控制在 800 r/min；精镗时转速控制在 1 200 ~ 1 600 r/min。

（4）进给速度：外圆车刀粗车时进给速度为 80 mm/min，精车时可适当降低速度；切断刀进给速度为 10 mm/min；镗刀镗内孔时进给速度为 50 mm/min。

（5）进退刀量：如使用 G71，车外圆每次进刀量不超过 0.8 mm，每次退刀量为 1 mm；镗内孔每次进刀量不超过 0.5 mm，每次退刀量为 0.1 mm。

（6）加工起点、换刀点的确定：加工起点与换刀点放在 *Z* 向距工件前端面 100 mm、*X* 向距轴心线 50 mm 的位置。

（7）加工刀具的确定：硬质合金 90°外圆车刀；硬质合金 3.5 mm 宽切刀；高速钢 5 mm 中心钻；高速钢$\phi$16 钻头；硬质合金内孔镗刀。

（8）假设以工件右端面与轴线的交点为程序原点，建立工件坐标系，计算各节点位置坐标值。

车外圆和镗内孔参考程序如下：

```
O1111                                   此程序车外圆和圆角
T0101                                   用外圆车刀车外圆
M03S600
G00 X35 Z2
G71 U0.8 R1 P10 Q20 X0.5 Z0.1 F100
N10 G00 X0
G01 Z0 F80
X24
G02 X30 Z-3 R3
N20 G01 Z-41
G00 X100
Z100
T0202                                   换 2 号刀切断
G00 X35
Z-40
```

```
G01 X1 F10
G00 X100
Z100
M30
O 222                                    此程序镗内孔
T0404                                    换内孔镗刀
M03 S800
G00 X16 Z2                               镗孔复合循环起始点
G71 U0.6 R0.1 P10 Q20 X-0.3 Z0.1 F80
N10 G01 X26 F40
Z0
X22 Z-5
Z-22.5
G02 X19 Z-24 R1.5
G01 X18
N20 G01 X16 Z-25
G01 Z2 F100                              精镗后让镗刀慢速退出工件，防止划伤内表面
G00 Z100
X100
M30
```

4. 实训内容

完成如图 2.39、2.40 所示零件的加工。

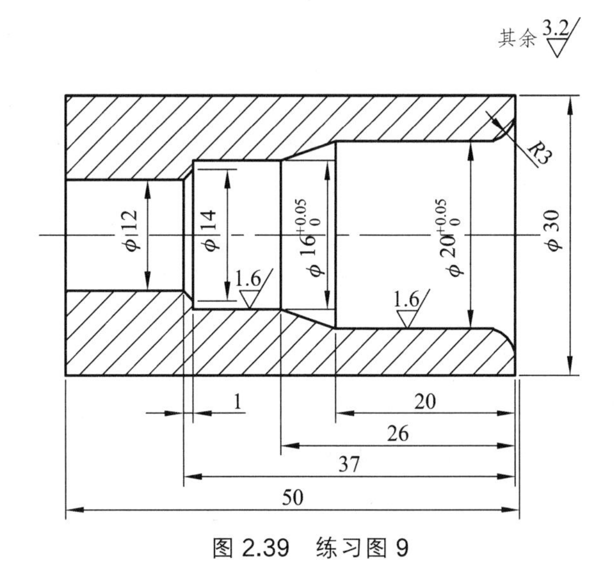


图 2.39　练习图 9

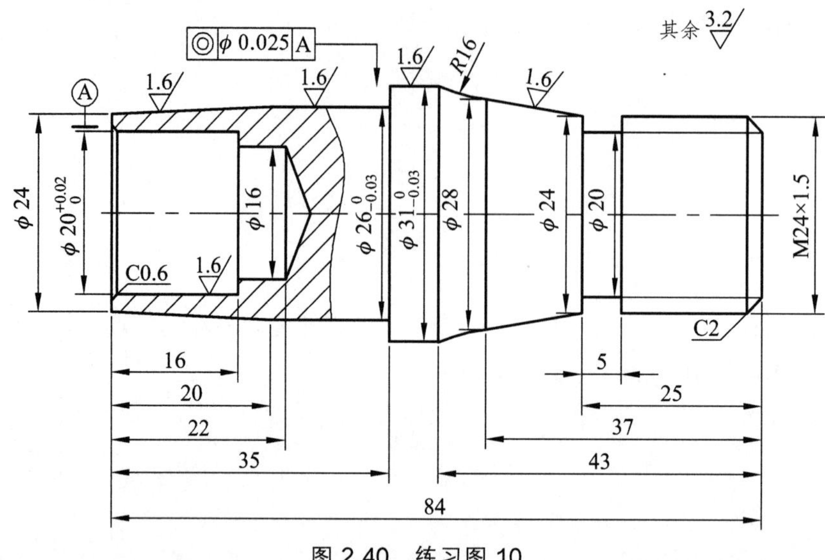


图 2.40　练习图 10

5. 实训总结

数控车床在加工内孔时，由于内孔空间小，孔具有一定的深度，这需要我们选择正确的刀具和安装方法，在内孔尺寸允许的情况下尽量选择刀杆直径尽量大的内孔镗刀。刀杆直径大可以增加刀具强度，刀具强度高在加工过程中才可以选择更大的切削用量，避免在切削过程中因刀具强度不够引起的振动；同时也应当注意刀杠的长度要稍微大于内孔的深度，且在安装时内孔镗刀不能伸出太长，只需要满足我们加工的深度即可。

在加工内孔时，要观察刀具的切削状态和排屑是否顺畅，由于孔的直径要小于工件外圆的直径，所以在选择切削用量的时候，主轴转速应比车工件外圆时高一些；由于内孔镗刀刀杆较长，强度受到影响，在选择吃刀量的时候应比车外圆的吃刀量小一些。

6. 思考题

（1）简述本节的零件加工过程（零件图、刀具运行轨迹、加工程序及过程概述）。
（2）加工内孔时应选择什么样的刀具？依据是什么？并简述选择刀具要注意的事项。
（3）加工内孔编程时下刀和最后的退刀程序要注意什么？

## 2.3.6　内螺纹编程加工（实训五）

1. 实训目的与实训要求

（1）学习数控车床加工轴类零件内螺纹的方法。
（2）掌握金属轴类零件的加工内螺纹的编程方法。

2. 实训仪器与设备

（1）CK6140、C2-6136HK、HTC2050 数控车床。

（2）45#钢棒一根，长 100 ~ 110 mm，直径 32 mm。

（3）90°外圆车刀、内孔镗刀、中心钻、$\phi$16 钻头、内螺纹刀、3.5 mm 切断刀。

3. 加工实例

例 2.10　用数控车床加工如图 2.41 所示零件。加工内螺纹同加工外螺纹类似，也是分多次切削而成，要注意的是内螺纹所在的内孔空间很小，要注意螺纹刀的下刀和退刀路线，而且内螺纹刀强度不高，要合理选择切削用量。

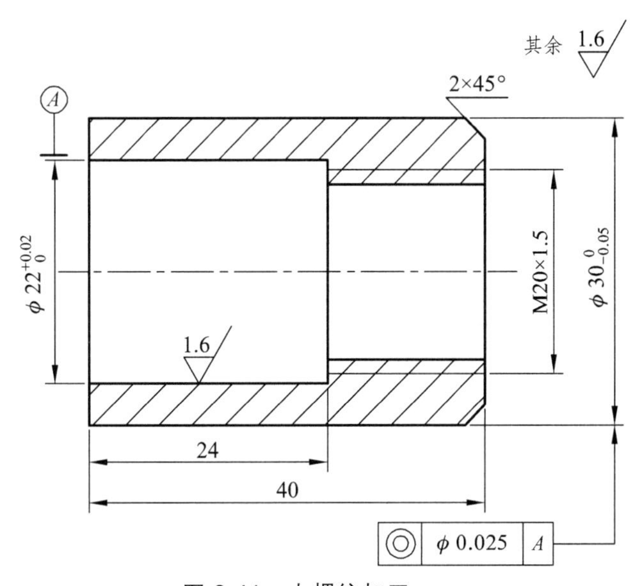


图 2.41　内螺纹加工

解　（1）装夹定位的确定：三爪卡盘夹紧定位，工件前端面距卡爪端面距离 50 mm；

（2）工艺拟定：

① 车$\phi$30 外圆；

② 中心钻点中心孔；

③ $\phi$16 的钻头钻通孔，注意退刀排屑并刷油冷却；

④ 粗精镗内孔，保证$\phi$22 的尺寸；

⑤ 切断，保证 40 mm 的总长；

⑥ 工件掉头并夹紧，工件端面距卡盘端面 10 mm；

⑦ 车 $C$3 倒角；

⑧ 镗 M20 的底孔到$\phi$18.5；

⑨ 车内螺纹，精车 2 次，最大吃刀量为 0.3 mm，最小吃刀量为 0.05 mm。

（3）转速：在粗车外圆时，主轴转速控制在 600 r/min；精车外圆时，提高转速到 1 000 ~ 1 600 r/min；切断时，转速控制在 600 r/min；点中心孔时，转速控制在 1 000 r/min；$\phi$16 钻头钻孔时，转速控制在 500 r/min；镗刀镗内孔时转速控制在 800 r/min；精镗时转速控制在 1 200 ~ 1 600 r/min，车内螺纹时，转速控制在 100 r/min 以内。

（4）进给速度：外圆车刀粗车时进给速度为 80 mm/min，精车时可适当降低速度；切断刀进给速度为 10 mm/min；镗刀镗内孔时进给速度为 50 mm/min。

（5）进退刀量：如使用 G71，车外圆每次进刀量不超过 0.8 mm，每次退刀量为 1 mm；镗内孔每次进刀量不超过 0.5 mm，每次退刀量为 0.1 mm。

（6）加工起点、换刀点的确定：加工起点与换刀点放在 *Z* 向距工件前端面 100 mm、*X* 向距轴心线 50 mm 的位置。

（7）加工刀具的确定：硬质合金 90°外圆车刀；硬质合金 3.5 mm 宽切刀；高速钢 5 mm 中心钻；高速钢$\phi$16 钻头；硬质合金内孔镗刀。

（8）假设以工件右端面与轴线的交点为程序原点，建立工件坐标系，计算各节点位置坐标值。

（9）数值计算：假设以工件右端面与轴线的交点为程序原点，建立工件坐标系，计算各节点位置坐标值。

车外圆、内孔、内螺纹的参考程序如下：

```
O 1111                                        此程序车外圆
T0101                                         调外圆车刀
M03 S600
G00 X35 Z2
G71 U0.8 R1 P10 Q20 X0.5 Z0.1 F100
N10 G00 X0
G01 Z0 F60
X30
N20 Z-41
G00 X100
Z100
M30


O 2222                                        此程序镗φ22 的内孔
T0404                                         调用 4 号镗刀
M03 S600
G00 X16 Z2
G71 U0.6 R0.1 P10 Q20 X-0.3 Z0.1 F60          粗镗内孔
G00 X100
G00 X100
M05                                           主轴停止
M00                              程序暂停（测量内孔的大小，修改刀具磨耗，以控制尺寸）
```

```
M03 S800                                        主轴正转，提高转速，精镗内孔
G00 X16 Z2
N10 G01 X22 F50                                 精镗内孔
N20 Z-24
G01 X16
Z2
G00 Z100
X100
T0202                                           换 2 号切断刀
M03 S600
G00 X35
Z-40
G01 X1 F10
G00 X100
Z100
M30
O 3333                                          此程序镗 M20 的底孔至 18.5 mm
T0404                                           调用 4 号镗刀
M03 S600
G00 X16 Z2
G71 U0.6 R0.1 P10 Q20 X-0.3 Z0.1 F60            粗镗内孔
N10 G01 X18.5 F50                               精镗内孔
N20 Z-20.5
G01 X16
Z2
G00 Z100
X100
M30
O4444
T0303                                           调用 4 号内螺纹刀
M03 S100
G00 X18 Z2
G76 C2 A60 X18.38 Z-20.5 U-0.05 V0.05 Q0.3 K0.974 F1.5        车内螺纹
G00 Z100
X100
M30
```

4. 实训内容

完成图 2.42、2.43 所示零件的加工。

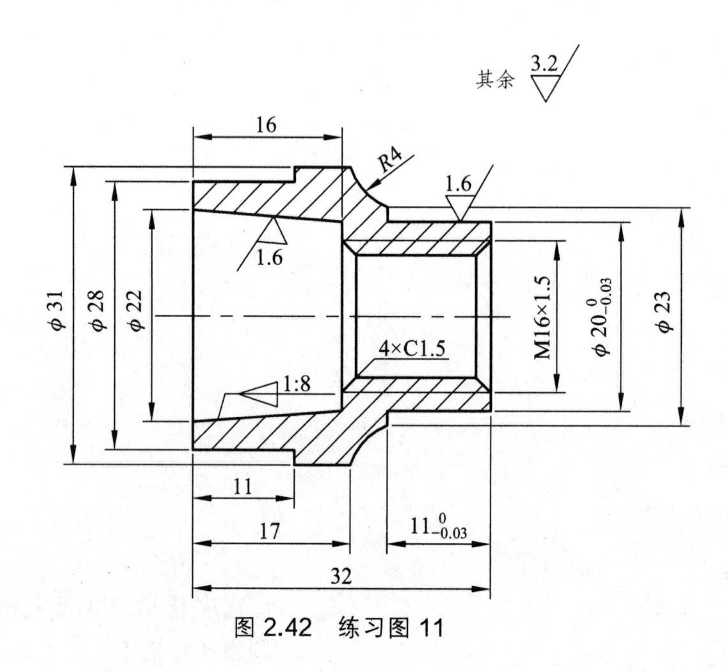


图 2.42　练习图 11

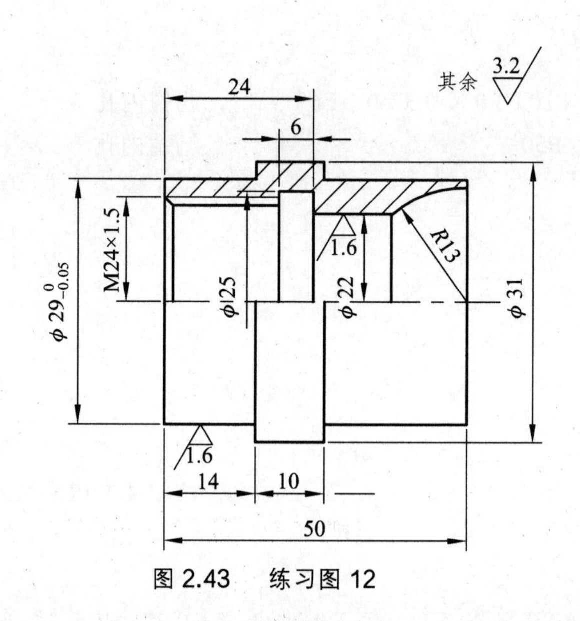


图 2.43　练习图 12

5. 实训总结

数控车床在加工内螺纹时，应该尽量选择强度大一点的刀具，并且要控制主轴的转速，选择较小的吃刀量，让螺纹刀分多次切削内螺纹；同时由于孔内空间较小，要注意下刀点选择和退刀路线的规划。

6. 思考题

（1）简述本节的零件加工过程（零件图、刀具运行轨迹、加工程序及过程概述）。

（2）加工内螺纹时应选择什么样的刀具，依据是什么，并简述选择刀具要注意的事项。

（3）加工内螺纹编程时下刀和最后的退刀程序要注意什么？

# 第 3 章　数控线切割、电火花成形机床加工

## 3.1　数控线切割加工概述

### 3.1.1　数控线切割机床的基本原理和加工特点

1. 线切割机床加工的基本原理

电火花切割时，在电极丝和工件之间进行脉冲放电，如图 3.1 所示，电极丝接脉冲电源的负极，工件接脉冲电源的正极。当来一个脉冲电源时，在电极丝和工件之间产生一次火花放电，在放电通道的中心瞬时温度可高达 10 000 °C 以上，高温使工件金属熔化，甚至有少量气化，高温也使电极丝和工件之间的工作液部分产生汽化，这些汽化后的工作液和金属蒸汽瞬间迅速膨胀，并具有爆炸的特性。这种热膨胀和局部微爆炸，抛出熔化和气化的金属材料而实现对工件材料的进行电蚀切割加工。通常认为电极丝与工件之间的放电间隙$\delta_{电}$在 0.01 mm 左右；若电脉冲电压高，放电间隙会大一些。线切割编程时，一般取$\delta_{电} = 0.01$ mm。

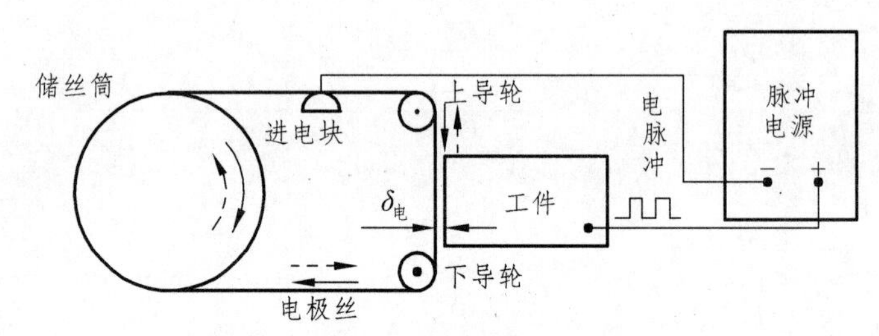


图 3.1　电火花线切割加工原理

实现电火花线切割加工必须具备下列基本条件：

（1）必须有足够的放电能量，以保证放电部位的金属迅速熔化和气化。

（2）必须是瞬时的脉冲放电，以使放电所产生的热量来不及传导到其他部分，使每次熔化和气化的金属微粒极小，保证加工精度。

（3）必须要有合适的脉冲间歇。在一次脉冲放电之后，如果没有放电间歇，就会产生连续的电弧，烧伤工件表面，从而无法保证尺寸精度和表面粗糙度。连续的电弧产生的高温会使电极丝迅速损耗，造成断丝，使加工无法进行。如果放电间歇时间过短，电腐蚀产物和气泡来不及排除，就会改变间隙中介质成分和绝缘强度，影响电离过程，所以要保证合适的间歇，使电腐蚀物和气泡及时排除，为下一阶段脉冲放电做好准备。

（4）必须保证电极丝和工件之间始终保持一定距离以形成放电间隙。一旦电极丝和工

件之间发生短路，它们之间的电压就会降为零，不再发生放电。间隙的大小与加工电压及介质有关。控制系统可通过调节进给速度来保证一定放电间隙并在发生短路时使电极丝回退以消除短路。

（5）放电必须在具有一定绝缘性的液体介质中进行，它既要避免电极丝和工件之间发生短路，又要在电场力的作用下发生电离，形成导电通道。液体介质还要有良好的流动性，以便将电蚀产物从放电间隙中排除并对电极丝进行冷却。

只有具备了以上基本条件，电火花线切割才能顺利进行。

2. 线切割机床加工的特点

电火花线切割机床广泛用于冲模、挤压模、塑料模、电火花加工型腔模时所用电极的加工（见表3.1）。电火花线切割加工技术的普遍应用及加工速度和精度的迅速提高，目前已到可与坐标磨床相竞争的程度。例如，中小型冲模，过去采用凹凸模分开，曲线磨削的方法加工，现在改用电火花线切割整体加工，使配合精度提高，制造周期缩短，成本降低。目前许多线切割机床采用四轴联动，可以加工锥体、直纹曲面体等零件。

表3.1 电火花线切割加工的应用领域

| 应用领域 | 应用举例 |
|---|---|
| 模具加工 | 冲模、粉末冶金模、拉拔模、挤压模等 |
| 电火花成型加工的电极加工 | 形状复杂的电极、穿孔用电极、带锥度电极等 |
| 轮廓量规、刀具、样板的加工 | 各种卡板量具、模板、成型刀具等 |
| 试制品和特殊形状零件的加工 | 试制件、单件、小批量零件、凸轮、异型槽、窄槽、淬火零件等 |
| 特殊用途、特殊材料零件的加工 | 材料试样、硬质合金、半导体材料、化纤喷嘴等 |

电火花线切割加工归纳起来有以下特点：

（1）可以加工用一般切削加工方法难以加工或无法加工的形状复杂的工件。加工不同的工件只需编制不同的控制程序，对不同形状的工件能容易地实现自动化加工，更适合于小批量形状复杂零件、单件和试制品的加工，加工周期短。

（2）电极丝在加工中作为“刀具”不直接接触工件，两者之间的作用力很小，因而不要求电极丝、工件及夹具有足够的刚度，以抵抗切削变形，因此可以加工低刚度零件。

（3）电极丝材料不必比工件材料硬，可以加工一般切削加工方法难以加工和无法加工的金属材料和半导体材料。在加工中作为刀具的电极丝无须刃磨，可节省辅助时间及刀具刃磨费用。

（4）直接利用电、热能进行加工，可以方便地对影响加工精度的加工参数（如脉宽、间歇、电流等）进行调整，有利于加工精度的提高，便于实现加工过程的自动化。

（5）与一般切削加工相比，线切割加工的金属去除率低，因此加工成本高，不适合形状简单的大批量零件的加工。

由于电火花线切割加工有以上特点，因此，它已成为机械行业不可缺少的先进加工方法。

### 3.1.2 线切割加工的工艺准备

1. 加工基准的准备

为了便于线切割加工，根据工件外形和加工要求，应准备相应的校正和加工基准，此基准应尽量与图纸的设计基准一致。

（1）以外形为校正加工基准。外形是矩形状的工件，一般需要有两个相互垂直的基准面，并垂直于工件的上下平面，如图 3.2 所示。

（2）以外形为校正基准，内孔为加工基准。无论外形是矩形还是圆形或其他异形的工件，都应准备一个与工件的上下面保持垂直的校正基准，此时，其中一个内孔可作为加工基准，如图 3.3 所示。在大多数情况下，外形基面在线切割加工前的机械加工中就已制备了。工作淬硬后，若基面变形很小，可稍加打光便可用线切割加工；若变形较大，则基面应当重新修磨。

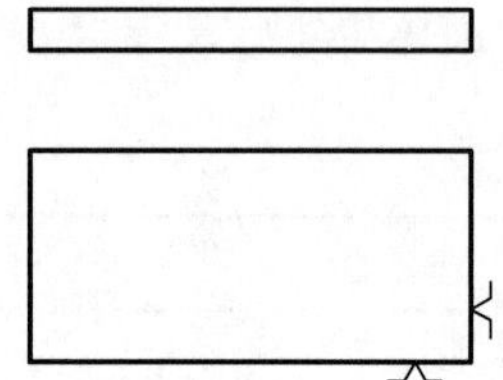
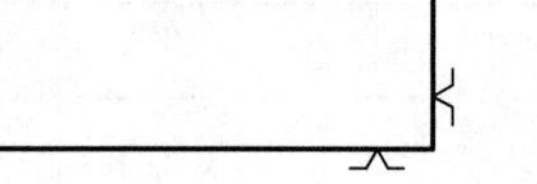

图 3.2  矩形工件的校正与加工基准

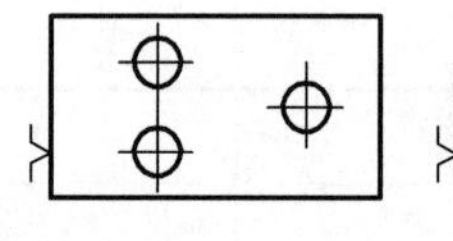
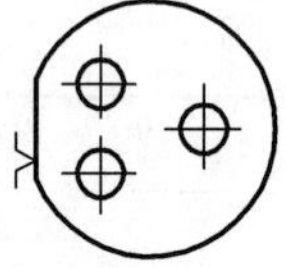

图 3.3  以外形为校正基准，内孔为加工基准

2. 加工穿丝孔

（1）切割凸模类零件。加工凸模类零件通常由外向内顺序切割。但坯件材料的割断，会在很大程度上破坏材料内部应力平衡状态，使材料变形，因此，电极丝不宜由坯件的外部切进去，而是将切割的起始点取在坯件预制的穿丝孔中，如图 3.4 所示。

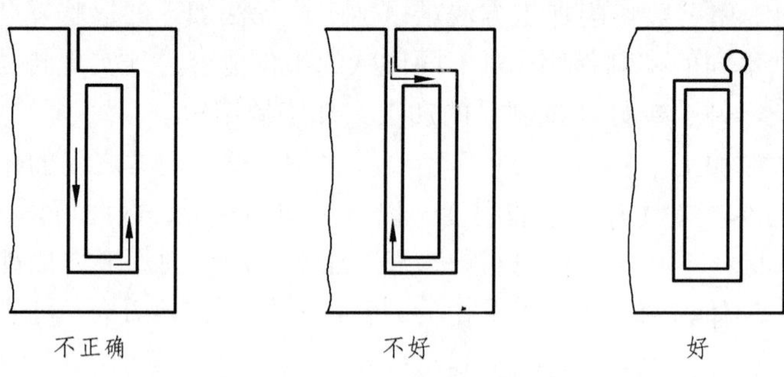


图 3.4  在毛坯件内部预制穿丝孔

（2）切割孔类工件。

① 确定穿丝孔位置。穿丝孔位置选在工件待切割型孔的中心时，操作加工较方便。选在靠近待切割型孔的边角处时，切割无用轨迹最短。选在已知坐标尺寸的交点处时，有利于尺寸的推算。因此，要根据实际情况妥善选取穿丝孔位置。

② 确定穿丝孔的大小。穿丝孔的大小要适宜，一般不宜太小，如果穿丝孔很小，不

但增加钻孔困难，而且不便穿丝；太大则没有必要，一般选用直径为 3 ~ 10 mm。

### 3.1.3　零件装夹

工件装夹的形式对加工精度有直接影响。电火花线切割加工机床的夹具比较简单，一般是在通用夹具上采用压板螺钉固定工件。为了适应各种形状工件加工的需要，还可使用磁性夹具、旋转夹具或专用夹具等。

1. 工件支撑装夹的几种方法

（1）悬臂支撑方式。悬臂支撑通用性强，装夹方便，如图 3.5 所示。但由于工件单端压紧，另一端悬空，使得工件不易与工作台平行，所以易出现上仰或倾斜的情况，致使切割表面与工件上下平面不垂直或达不到预定的精度。因此，只有在工件的技术要求不高或悬臂部分较小的情况下才能采用。

（2）两端支撑方式。两端支撑是把工件两端都固定在夹具上，如图 3.6 所示。这种方法装夹支撑稳定，平面定位精度高，工件底面与切割面垂直度好，但对较小的零件不适用。

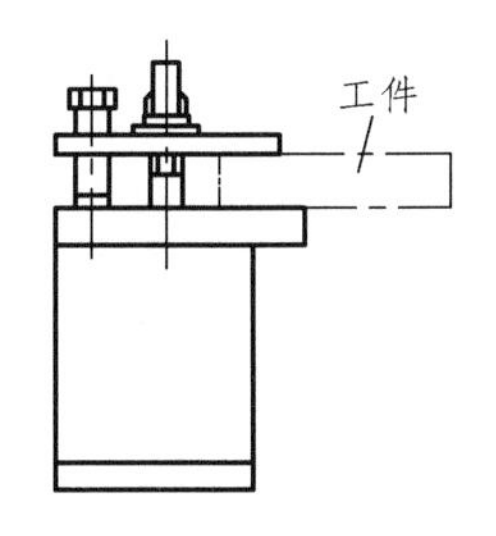


图 3.5　悬臂支撑夹具

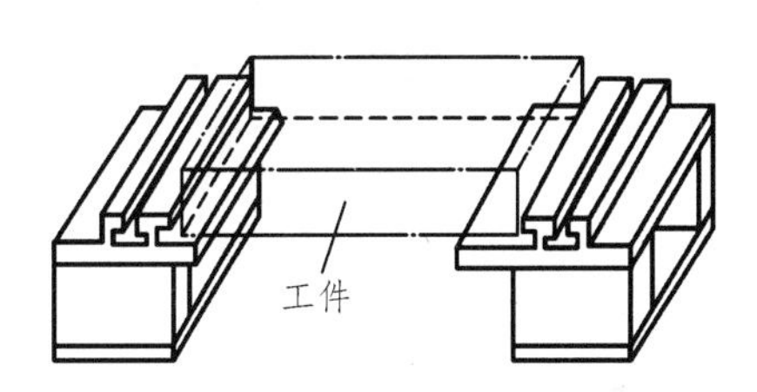


图 3.6　两端支撑夹具

（3）桥式支撑方式。桥式支撑是在两端夹具体下垫上两个支撑铁架，如图 3.7 所示。其特点是通用性强、装夹方便，对大、中、小工件装夹都比较方便。

（4）板式支撑方式。板式支撑夹具可以根据经常加工工件的尺寸而定，如图 3.8 所示。有矩形或圆形孔，可增加 $X$ 和 $Y$ 两方向的定位基准，装夹精度较高，适于常规生产和批量生产。

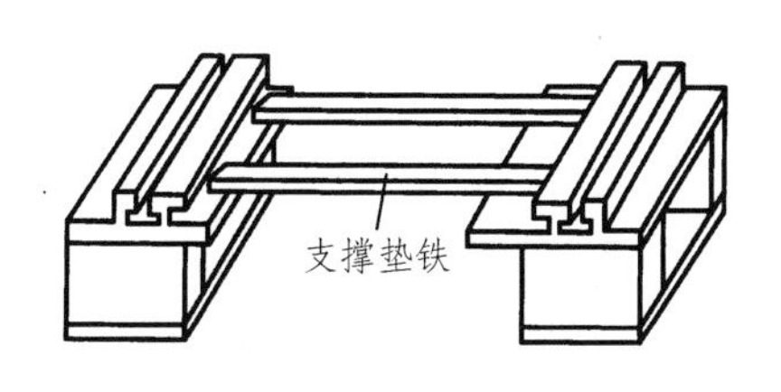


图 3.7　桥式支撑夹具

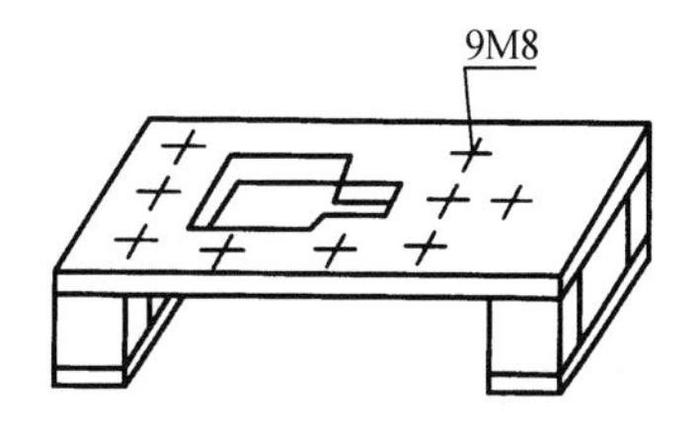


图 3.8　板式支撑方式夹具

（5）复式支撑方式。复式支撑夹具是在桥式夹具上，再装上专用夹具组合而成，如图 3.9 所示。它装夹方便，特别适用于成批零件加工，既可节省工件找正和调整电极丝相对位置等辅助工时，又保证了工件加工的一致性。

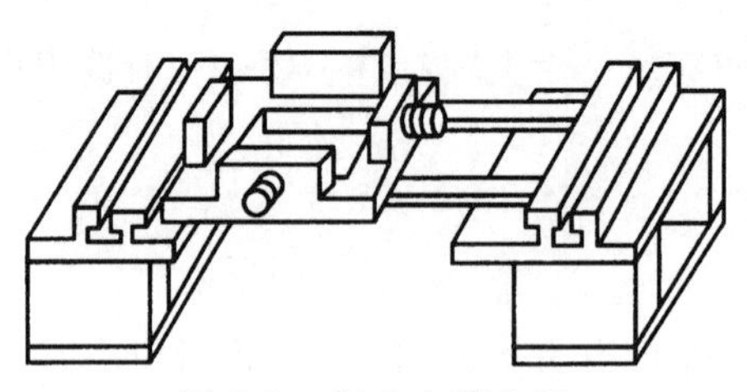

图 3.9　复式支撑夹具

2. 工件的找正方法

（1）拉表法。拉表法是利用磁力表架，将百分表固定在线架或其他固定位置上，百分表触头接触在工件基面上，然后，旋转纵（或横）向丝杠手柄使拖板往复移动，根据百分表指示数值相应调整工件，校正应在三个坐标方向上进行，如图 3.10 所示。

（2）划线找正法。固定在线架上的一个带有顶丝的零件将划针固定，划针尖指向工件图形的基准线或基准面，移动纵（或横）向拖板，根据目测调整工件找正，如图 3.11 所示。这种找正方法精度低，适用于粗校正工件或找正要求低的场合。

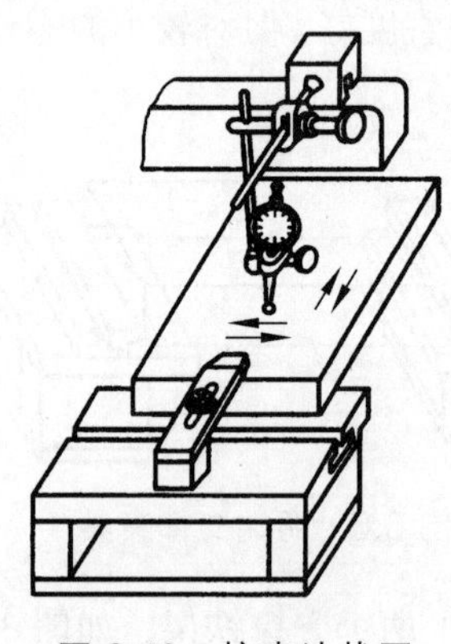

图 3.10　拉表法找正

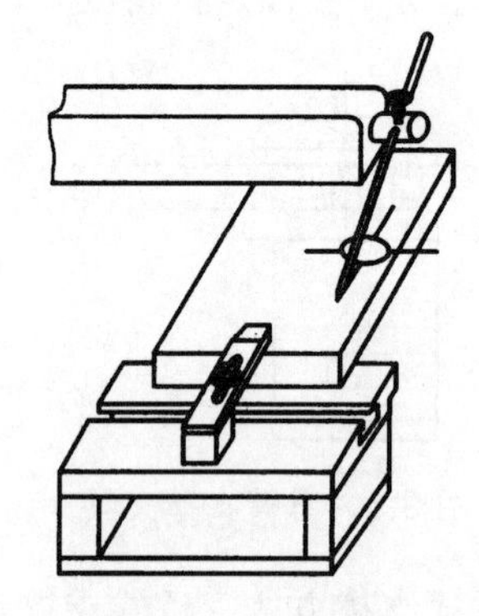

图 3.11　划线法找正

（3）按基准孔或已成型孔找正。

① 按已成型孔找正。当线切割型孔位置与外形要求不严，但与工件上已成型的型腔位置要求严时，可靠紧基面后，按成型型孔找正后走步距再加工。

② 按基准孔找正。线切割加工工件较大，但切割型孔总的行程未超过机床行程，又要求按外形找正时，可按外形尺寸做出基准孔，线切割时按基面靠直后再按基准孔定位。

③ 按外形找正。当线切割型孔位置与外形要求较严时，可按外形尺寸来定位。

3. 确定电极丝坐标位置的方法

在数控线切割中，需要确定电极丝相对工件的基准面、基准线或基准孔的坐标位置，可按下列方法进行。

（1）目视法。对加工要求较低的工件，确定电极丝和工件有关基准线和基准面相互位置时，可直接目视或借助于 2～4 倍的放大镜来进行观测。

（2）火花法。火花法是利用电极丝与工件在一定间隙下发生放电的火花来确定电极丝坐标位置的，如图 3.12 所示。摇动拖板的丝杠手柄，使电极丝逼近工件的基准面，待开始出现火花时，记下拖板的相应坐标。该方法方便、易行，但电极丝逐步逼近工件基准面时，开始产生脉冲放电的距离往往并非正常加工条件下电极丝与工件间的放电距离。

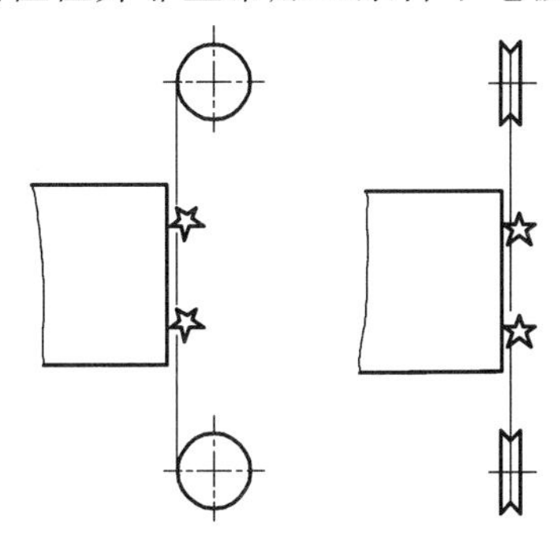

图 3.12　火花法确定电极丝的坐标位置

（3）电阻法。利用电极丝与工件基准面由绝缘到短路接触的瞬间，两者间电阻突变的特点来确定电极丝相对工件基准的坐标位置。

（4）夹具固定基准定位法。如果加工中使用的夹具其纵、横方向基准面与电极丝相对坐标位置已经确定，这时只需将工件相应基准面靠上去，就可确定电极丝与工件基准孔的坐标。

## 3.1.4　工艺参数的选择

### 1. 加工工艺指标

电火花线切割加工工艺指标主要包括切割速度、表面粗糙度、加工精度等。此外，放电间隙、电极丝损耗和加工表面层变化也是反映加工效果的重要内容。

### 2. 影响工艺指标的因素

影响工艺指标的因素很多，如机床精度、脉冲电源的性能、工作液脏污程度、电极丝与工件材料及切割工艺路线等。脉冲电源的波形与参数对材料的电腐蚀过程影响极大，它们决定着放电痕（表面粗糙度）蚀除率、切缝宽度的大小和钼丝的损耗率，进而影响加工的工艺指标。

目前广泛应用的脉冲电源波形是矩形波。下面以矩形波脉冲电源为例，说明脉冲参数对加工工艺指标的影响。矩形波脉冲电源的波形如图 3.13 所示，它是晶体管脉冲电源中使用最普遍的一种波形，也是线切割加工中行之有效的波形之一。

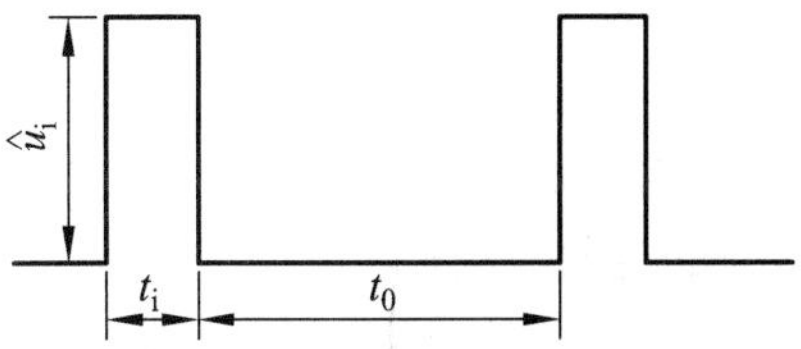

$\hat{u}_i$　$t_i$　$t_0$

图 3.13　矩形波脉冲

（1）短路峰值电流对工艺指标的影响。

当其他工艺条件不变时，增加短路峰值电流，切割速度提高，会使表面粗糙度变差。这是因为短路峰值电流大，表明相应的加工电流峰值就大，单个脉冲能量亦大，所以放电痕大，故切割速度高，表面粗糙度差。增大短路峰值电流，不但使工件放电痕变大，而且使电极丝损耗变大，这两者均使加工精度稍有降低。

（2）脉冲宽度对工艺指标的影响。

在一定工艺条件下，增加脉冲宽度，使切割速度提高，但表面粗糙度变差。这是因为脉冲宽度增加，使单个脉冲放电能量增大，则放电痕也大。同时，随着脉冲宽度的增加，电极丝损耗变大。

（3）脉冲间隔对工艺指标的影响。

在一定的工艺条件下，减小脉冲间隔，切割速度提高，表面粗糙度 $R_a$ 稍有增大，这表明脉冲间隔对切割速度影响较大，对表面粗糙度影响较小。因为在单个脉冲放电能量确定的情况下，脉冲间隔较小，致使脉冲频率提高，即单位时间内放电加工的次数增多，平均加工电流增大，故切割速度提高。

（4）开路电压对工艺指标的影响。

在一定的工艺条件下，随着开路电压峰值的提高，加工电流增大，切割速度提高，表面变粗糙。因电压高使加工间隙变大，所以加工精度略有降低。但间隙大，有利于放电产物的排除和消电离，则提高了加工稳定性和脉冲利用率。

实践表明，改变矩形波脉冲电源的一项或几项电参数，对工艺指标的影响很大，操作时须根据具体的加工对象和要求，全面考虑诸因素及其相互影响关系。选取合适的电参数，既要满足主要加工要求，又要注意提高各项加工指标。

### 3. 根据加工对象合理选择电参数

（1）要求切割速度高时。

当脉冲电源的空载电压高、短路电流大、脉冲宽度大时，则切割速度高，但是切割速度和表面粗糙度的要求是互相矛盾的两个工艺指标，所以，必须在满足表面粗糙度的前提下再追求高的切割速度，而且切割速度还受到间隙消电离的限制，也就是说，脉冲间隔也要适宜。

（2）要求表面粗糙度好时。

若切割的工件厚度在 80 mm 以内，则选用分组波的脉冲电源为好，它与同样能量的矩形波脉冲电源相比，在相同的切割速度条件下，可以获得较好的表面粗糙度。

无论是矩形波还是分组波，其单个脉冲能量小，则 $R_a$ 值小。也就是说，脉冲宽度小、脉冲间隔适宜、峰值电压低、峰值电流小时，表面粗糙度较好。

（3）要求电极丝损耗小时。

此时多选用前阶梯脉冲波形或脉冲前沿上升缓慢的波形，由于这种波形电流的上升率低，故可以减小丝损。

（4）要求切割厚工件时。

选用矩形波、高电压、大电流、大脉冲宽度和大的脉冲间隔可充分抵消电离，从而保证加工的稳定性。

如加工模具厚度为 20 ~ 60 mm、表面粗糙度 $R_a$ 值为 1.6 ~ 3.2 μm 时，脉冲电源的电参数选取范围如下：

脉冲宽度：4 ~ 20 μs　　　　加工电流：1 ~ 2 A

脉冲电压：80 ~ 100 V　　　　　切割速度：15 ~ 40 $mm^2$/min

功率管数：2 ~ 4 个

选择上述参数的下限，表面粗糙度 $R_a$ 为 1.6 μm；随着参数的增大，表面粗糙度 $R_a$ 值增至 3.2 μm。

加工薄工件和试切样板时，电参数应取小些，否则会使放电间隙增大。

4. 合理选择进给速度

（1）进给速度调得过快。进给速度超过工件的蚀除速度时，会频繁地出现短路，造成加工不稳定，使实际切割速度反而降低，加工表面呈褐色，工件上下端面处有过烧现象。

（2）进给速度调得太慢。进给速度大大落后于工件可能的蚀除速度时，极间将偏开路，使脉冲利用率过低，切割速度大大降低，加工表面呈淡褐色，工件上下端面处有过烧现象。

（3）进给速度调得适宜。加工稳定，切割速度高，加工表面细而亮，丝纹均匀，可获得较好的表面粗糙度和较高的加工精度。

# 3.2　数控线切割机床的编程方法

## 3.2.1　数控线切割机床编程基础

1. 数控线切割机床坐标系

数控线切割机床主要由主机、机床电气箱、工作液箱、自适应脉冲电源和数控系统等组成。机床的工作台分为上下拖板（上拖板代工作台面），均可独立前后运动，下拖板移动方向为 $X$ 轴，上拖板移动方向为 $Y$ 轴，如图 3.14 所示。

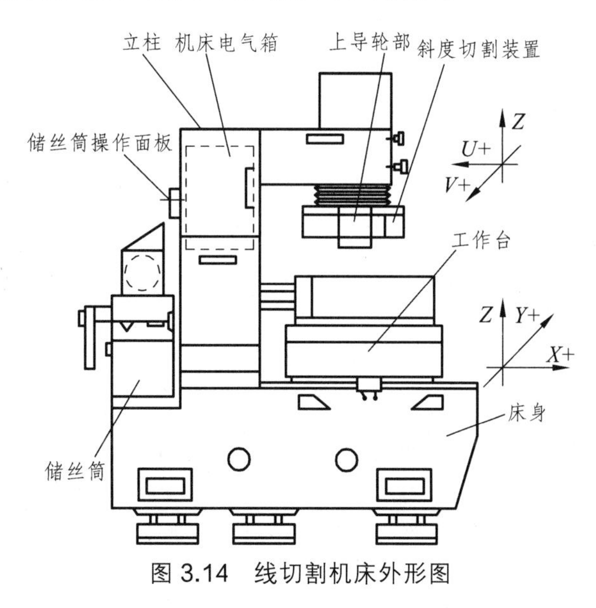


图 3.14　线切割机床外形图

2. 线切割加工程序编制的步骤

编程时，首先应对图样规定的技术特性、零件的几何形状、尺寸及工艺要求进行分析；然后，确定加工方法和加工路径；再进行数值计算，获得加工数据；接下来，按机床规定的编程代码和程序格式，将工件的尺寸、切割轨迹、偏移量、加工参数等编制成加工程序；最后，编写完成的程序一般要经过检验才能正式加工。

### 3.2.2 数控线切割机床的常用编程格式

数控线切割程序编制的方法有手工编程和自动编程，一般简单形状的线切割加工可以采用手工编程。我国数控线切割机床常用的手工编程的程序格式为 3B、4B 格式，为了便于国际交流和标准化，正在逐渐向 ISO 代码过渡。

1. 3B 格式程序编制

3B 格式为无间隙补偿的五指令程序，其格式为：BXBYBJGZ，如表 3.2 所示。

表 3.2 3B 程序格式

| B | X | B | Y | B | J | G | Z |
| --- | --- | --- | --- | --- | --- | --- | --- |
| 分隔符号 | $X$ 坐标值 | 分隔符号 | $Y$ 坐标值 | 分隔符号 | 计数长度 | 计数方向 | 加工指令 |

（1）分隔符号 B。

因 X、Y、J 均为数值码（单位均为 μm），用 B 分隔 X、Y 和 J 的数值。

（2）坐标值 $X$、$Y$。

编程时对 $X$、$Y$ 坐标值只输入绝对值，数字为零时可以不写，但必须留分隔符号。加工与 $X$、$Y$ 轴不重合的斜线时，取加工的起点为切割坐标系的原点，$X$、$Y$ 值为终点的坐标值，允许将 $X$、$Y$ 值按相同比例放大或缩小。加工圆弧时，坐标原点取在圆心，$X$、$Y$ 为起点坐标值。

（3）计数方向 G。

计数方向可按 $X$ 方向或 $Y$ 方向计数，记为 $G_X$ 或 $G_Y$，为了保证加工精度，正确选择计数方向非常重要。加工斜线时，计数方向的选择可以以 45°为界线，如图 3.15 所示。若斜线（终点坐标为 $X_e$、$Y_e$）位于±45°以内时，取 $G_X$，反之取 $G_Y$；若斜线正好为±45°，计数方向可任意选择。即$|X_e|>|Y_e|$时，取 $G_X$；$|Y_e|>|X_e|$时，取 $G_Y$；$|X_e| = |Y_e|$时，取 $G_X$ 或 $G_Y$ 均可。

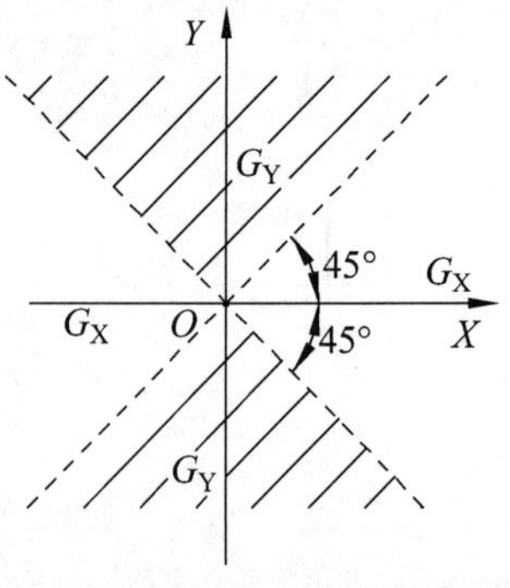

图 3.15 斜线加工时计数方向的选取

加工圆弧时，计数方向取决于圆弧的终点情况。加工圆弧的终点坐标（$X_e$、$Y_e$）在如图 3.16 所示的阴影区时，计数方向取 $G_X$，反之取 $G_Y$。即$|X_e|>|Y_e|$时，取 $G_Y$，$|Y_e|>|X_e|$时，取 $G_X$；$|X_e| = |Y_e|$时，取 $G_X$ 或 $G_Y$。

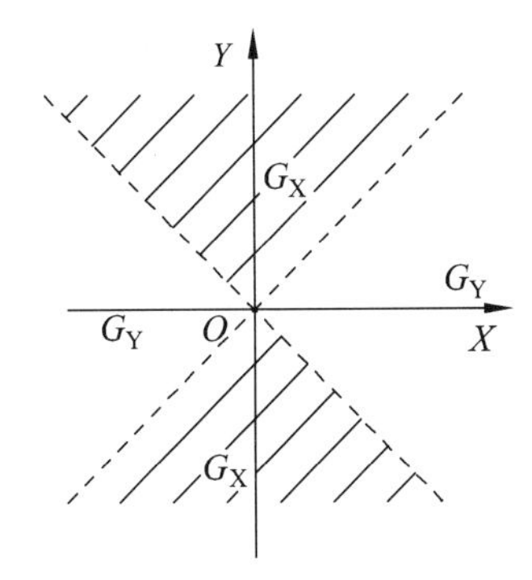


图 3.16　圆弧加工时计数方向的选取

（4）计数长度 J。

当计数方向确定后，计数长度 J 应取计数方向从起点到终点拖板移动的总距离，即圆弧或直线段在计数方向坐标轴上投影长度的总和。（单位均为“μm”）

对于斜线，图 3.17 所示情况取 $J = Y$，图 3.18 所示情况取 $J = X$ 即可。

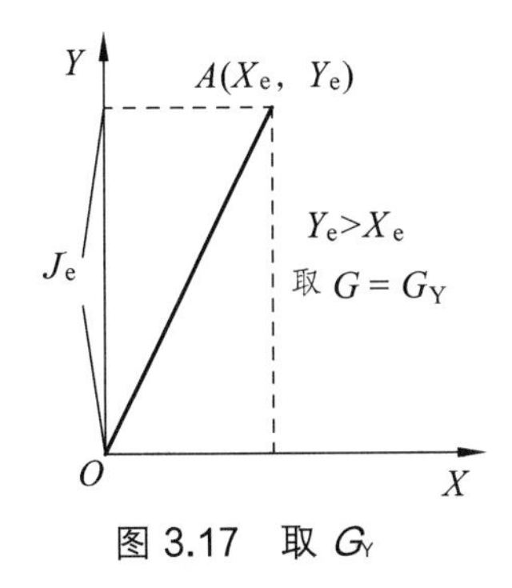


图 3.17　取 $G_Y$

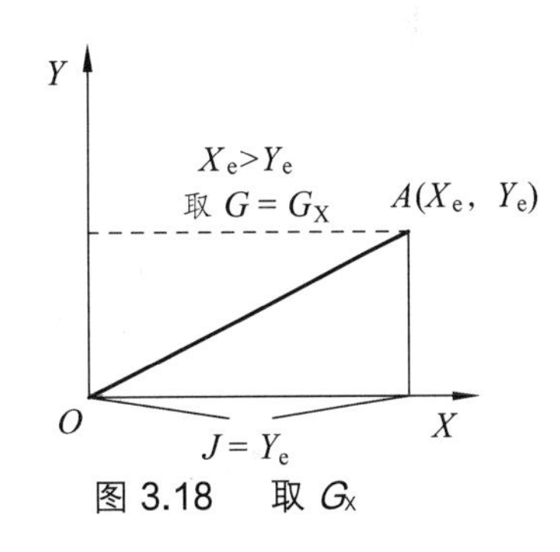


图 3.18　取 $G_X$

对于圆弧，它可能跨越几个象限，如图 3.19 和图 3.20 的圆弧都是从 A 加工到 B。图 3.19 所示为 $i_X$，$J = J_{X1} + J_{X2}$；图 3.20 所示为 $G_Y$，$J = J_{Y1} + J_{Y2} + J_{Y3}$。

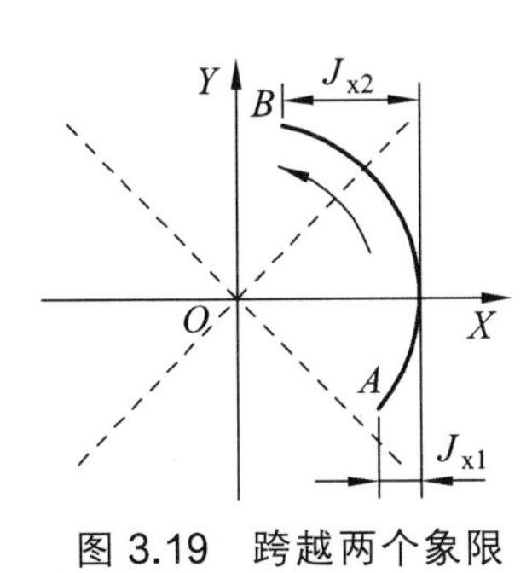


图 3.19　跨越两个象限

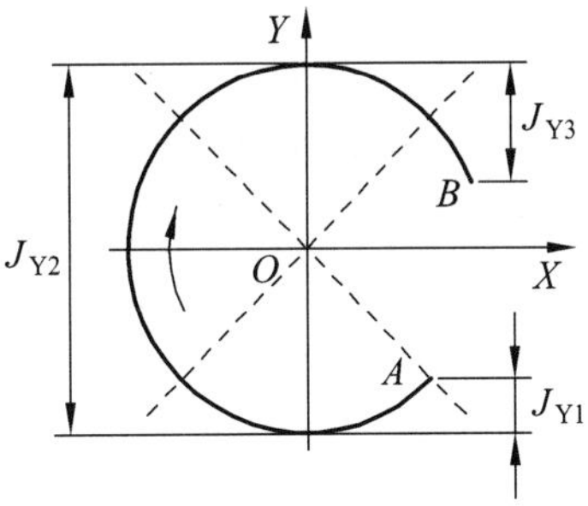

图 3.20　跨越四个象限

（5）加工指令 Z。

加工指令 Z 用来传递被加工图形的形状、所在象限和加工方向等信息。控制系统根据加工指令，正确选用偏差计算公式，进行偏差计算并控制工作台进给方向，从而实现自动加工。加工指令共有 12 种，分为直线和圆弧两类。加工直线时，按切割走向和终

点所在象限分为 $L_1$（含 $X$ 轴正向）、$L_2$（含 $Y$ 轴正向）、$L_3$（含 $X$ 轴负向）、$L_4$（含 $Y$ 轴负向）四种。若直线与坐标轴重合，编程时取 $X$、$Y$ 为 0。加工圆弧时，按圆弧起点所在象限和切割走向的顺、逆而分为 $SR_1$、$SR_2$、$SR_3$、$SR_4$ 及 $NR_1$、$NR_2$、$NR_3$、$NR_4$ 等八种，如图 3.21 所示。

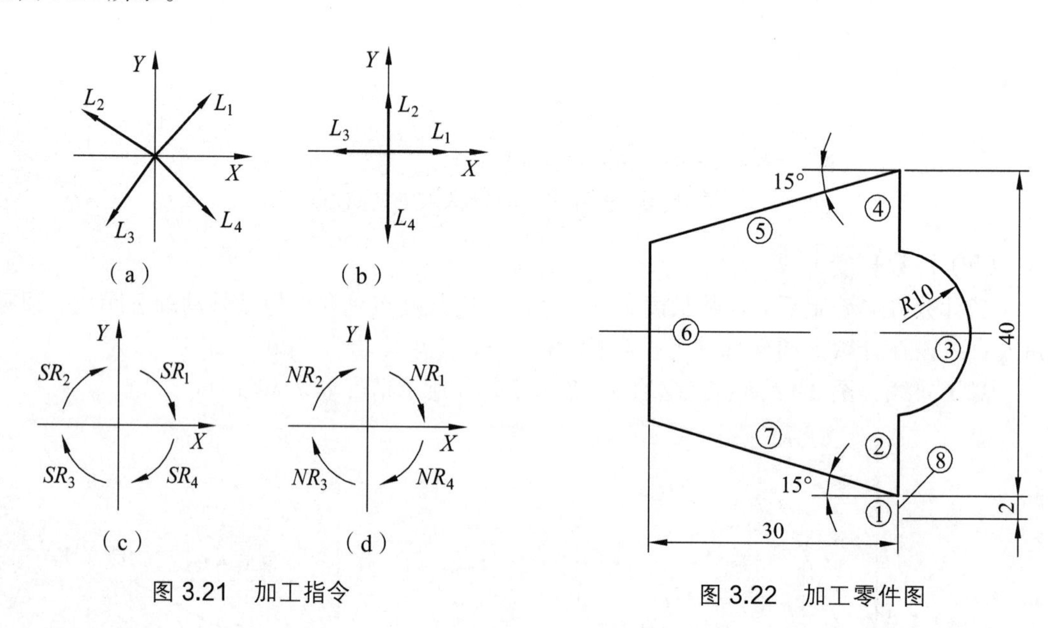


图 3.21　加工指令

图 3.22　加工零件图

（6）DD 为程序结束。

**例 3.1**　加工如图 3.22 所示零件，按 3B 格式编写该零件的线切割加工程序。

**解**　a. 确定加工路线。起始点为 $A$，加工路线按照图中所标的①→②→③→…→⑧段的顺序进行。①段为切入，⑧段为切出，②～⑦段为程序零件轮廓。

b. 分别计算各段曲线的坐标值。

c. 按 3B 格式编写程序如下：

| | |
|---|---|
| B0 B2000 B2000 GY L2 | 起点为 $A$，①段切入 |
| B0 B10000 B10000 GY L2 | 加工直线段② |
| B0 B10000 B20000 GX NR4 | 加工圆弧③ |
| B0 B10000 B10000 GY L2 | 加工直线段④ |
| B30000 B8040 B30000 GX L3 | 加工直线段⑤ |
| B0 B23920 B23920 GY L4 | 加工直线段⑥ |
| B30000 B8040 B30000 GX L4 | 加工直线段⑦ |
| B0 B2000 B2000 GY L4 | 直线段⑧切出 |

DD

**例 3.2**　加工如图 3.23 所示工件，编写线切割加工程序。

**解**　切入点选在零件左下角。

线切割加工程序：

B0 B0 B3000 GXL1

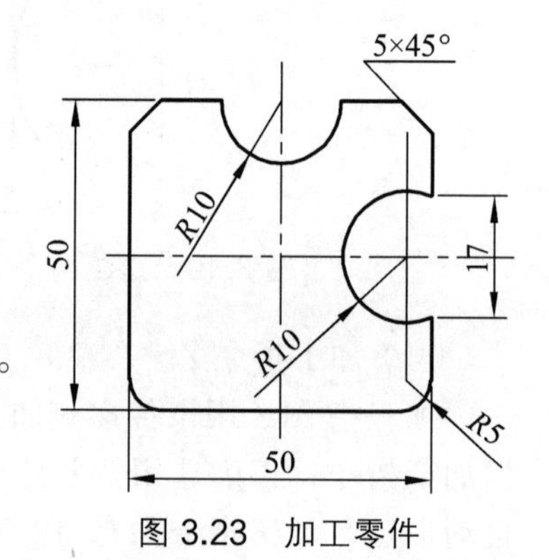


图 3.23　加工零件

```
B5000 B0 B5000 GXNR3
B0 B0 B4000 GXL1
B0 B5000 B5000 GYNR4
B0 B0 B11500 GYL2
B5268 B8500 B30536 GXNR4
B0 B0 B11500 GYL2
B5000 B5000B5000 GXL2
B0 B0 B10000 GXL3
B10000 B0 B20000 GYSR4
B0 B0 B10000 GXL3
B5000 B5000 B5000GXL3
B0 B0 B40000 GYL4
B0 B0 B3000 GXL3
DD
```

## 3.3　电火花成形加工

### 3.3.1　电火花成形加工的原理

电火花加工（Electrical Discharge Machining，EDM）是利用电、热能量在合适的介质中，通过工具电极和工件之间的脉冲放电腐蚀作用来去除工件材料的一种加工方法，主要用来加工各种难切削材料和形状复杂的零件。它突破了传统切削加工中对刀具的限制，可以用“软”的工具（电极）来加工“硬”的工件。数控技术的发展，扩大了电火花加工的应用范围，可以用简单形状的电极进行三维型面或型腔的加工。

电火花成形加工的原理如图 3.24 所示。工件与工具电极分别与脉冲电源的两个不同极性的输出端相连，伺服控制系统使工件和工具电极之间保持着一定的放电间隙，当两电极间加上脉冲电压后，间隙中产生了很强的电场，在相对间隙最小处或绝缘强度最低处的工作液介质被击穿，局部产生火花放电。由于放电时间短，放电区域小，能量密度高度集中（可达 $10^6 \sim 10^7$ W/mm$^2$），放电通道等离子体瞬时高温（10 000 °C 以上）使工件和工具电极表面都被熔化和气化掉一小部分材料，在气化爆炸力的作用下，熔化的微粒被迅速抛离，被液体介质从间隙中带走，形成一个微小的放电凹坑。脉冲放电结束以后，经过一段时间间隔，工作液恢复绝缘性，下一个脉冲电压又加到两极上，同样进行另一循环，形成另一个小凹坑。随着相当高频率的脉冲电源连续不断向工作进给，工具的形状就可以复制到工件上，加工出所需要的零件。从微观上看，加工表面由无数个小凹坑所组成。

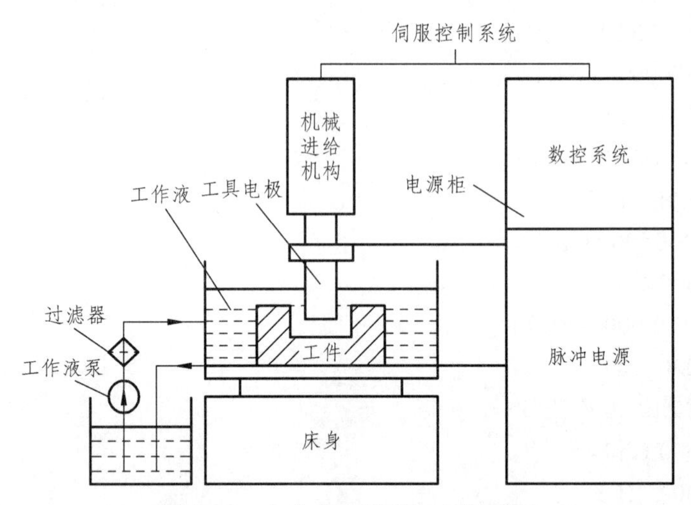


图 3.24 电火花成形机加工原理图

基于上述原理，进行电火花加工应具备如下条件：

（1）加工过程中，工具电极和工件之间应保持一定的放电间隙。这一距离随加工条件而定，通常为几微米到几百微米。若间隙过大，则极间电压不能击穿介质，不会产生火花放电；若间隙过小，则容易造成短路接触，也不能产生火花放电。因此，加工过程中必须有伺服控制系统自动调节电极进给量。

（2）放电形式必须是瞬间脉冲放电。放电时间很短（一般为 $10^{-7} \sim 10^{-4}$ s），使放电所产生的热量来不及从小的加工区中传输出去，将放电点限制在小范围内。相邻两次脉冲放电的间隔时间内，电极间介质必须及时消除电离，避免在同一点上持续放电形成集中的稳定电弧。

（3）在脉冲放电点必须有足够大的能量密度，使金属局部熔化和气化，并在放电爆炸力的作用下，把熔化的金属抛出去，为此，火花放电必须在具有一定绝缘性能的液体介质中进行（通常为煤油），称为工作液。工作液应具有较高的绝缘强度，同时，还能把加工过程中产生的电蚀物和余热及时从加工间隙中排除出去，冷却工具电极和工件表面，保证连续正常地进行加工，电火花加工是利用电能瞬间局部转换成热能来熔化腐蚀金属的，与金属切削加工依靠塑性变形来去除金属的原理和规律完全不同。通过实验，有必要了解和掌握电火花加工的基本原理，正确选择合适的工具电极材料，合理设置粗加工、半精加工、精加工的电参数和电规律。

## 3.3.2 电火花成形加工的电参数

电火花成形加工的电参数是用来描述放电间隙中放电过程的参数。在加工过程中，为达到预期的工艺指标，而合理选配的一组电参数称为电规律。现以汉川机床厂的精密电火花成形机为例来介绍主要的电参数。

1. 电火花成形机主要的电参数

（1）脉冲宽度（脉宽）$t_i$。

脉宽是加在放电间隙两端的脉冲电压的持续时间（μs），如图 3.25 所示。脉宽对加工速度的影响是非线性的。当脉冲电流小于 40 A 而脉宽大于 100 μs 时，加工速度随脉宽增加而降低；当脉冲电流大于 40 A 时，加工速度随脉宽增加而增加。增大脉宽可以减小电极的损耗，因为单位时间内脉冲放电次数减少，可减少引起损耗的击穿次数。对于石墨和紫铜电极来说，被加工工件的表面粗糙度随脉宽的增加而增大。半精加工、精加工的脉宽要小于 100 μs。

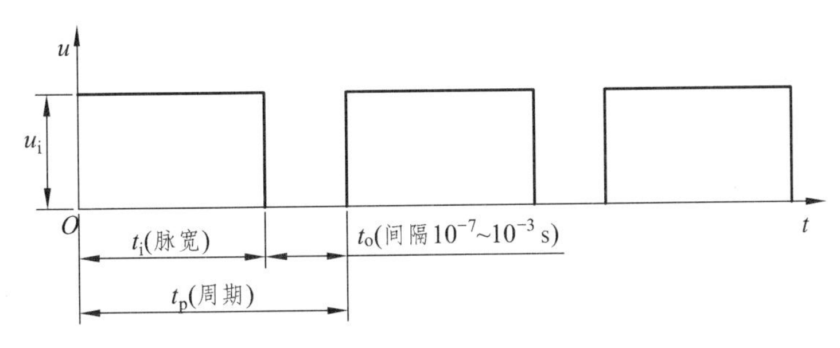


图 3.25 脉冲电源的电压波形

（2）脉冲间隔（间隔）$t_o$。

脉冲间隔是两个连续脉冲电压之间的间隔时间。一般来说，脉冲间隔越小，加工速度越快。脉宽与间隔之比在 3∶1～10∶1。在一定范围内，增加脉冲间隔，会改变间隙中的削除电离状态，使电极损耗加大。

（3）脉冲放电电流 $I_e$。

放电电流是放电时流过放电间隙的瞬时电流。增加放电电流，相当于增加放电能量，在一定范围内可以提高加工速度；但超过某临界值时，加工速度有下降趋势，因为此时能量的过分集中会产生过多的气体，引起排屑条件恶化和加工的不稳定。脉冲放电电流直接影响电极损耗，加工电流势必导致电极损耗的增加。采用石墨电极时，放电电流对被加工表面的粗糙度影响不大，但紫铜电极会随电流的增大而使被加工表面粗糙度增大。

（4）极性效应。

在电火花加工过程中，正极或负极会受到不同程度的电蚀，即使是相同的材料，正、负电流的电蚀量也是不同的，两极材料相同，仅仅由于正、负极性不同而彼此电蚀量不同的现象叫极性效应。若两极材料不同，则极性效应更加复杂。在生产过程中，工件接近正极、工具电极接负极的加工方式称为正极性，反之称为负极性。

（5）吸附效应。

在放电过程中，两极电场对间隙介质起电离作用，加工电蚀物和介质分解的含碳物质吸附在正极上，形成了具有一定强度和厚度的覆盖层，对电极起到了保护和补偿作用。这种现象叫吸附效应。连续脉冲放电加工时，脉冲间隔不仅是脉冲放电的间隔，同时也是两极间隙削除电离的时间。加大脉冲间隔会削弱覆盖效应，加快电极损耗。

在电火花加工中，为了保证加工质量，还需要调整和设置一些控制参数，如伺服进给参数，工具电极抬起时间、抬起高度，冲液条件中的冲油压力、流量等。在实际加工中，电极抬起操作（抬刀）的时间和高度与冲油流量的调节是配合进行的。

2. 电加工的一般原则

（1）在加工粗糙度允许的范围内，应尽量提高加工速度（增加脉宽和 $I$ 值）。一般情况下，粗糙度降低 1/2，加工速度则降低 2/3 以上。

（2）精加工时，要达到相同粗糙度，有损耗加工和无损耗加工的加工速度相差近 3 倍，所以在加工的末期，可适当牺牲电极损耗来缩短加工时间。

（3）在型腔和其他加工中如能使用冲油则尽量使用冲油加工，这对加工中的稳定性、提高加工效率影响极大。

（4）无法使用冲油加工时，应采用定时抬刀加工，利于排屑，使加工稳定，随着加工深度的增加，应逐步加大抬刀高度和加快抬刀周期，在精加工时，也要采用定时抬刀，而且抬刀周期要短。

（5）在加工初始阶段，接触放电面积小，加工电流应逐步增加，待全部接触后方能将电流加大到估算值。

（6）当以降低表面粗糙度为目的时，应采用分段实现的办法，即每更换一次加工参数，使 $R_a$ 降低 1/2，直至达到最终要求。

（7）在进行模具加工时，可按以下操作进行：① 放电开始用中加工；② 等基本全接触时用粗加工；③ 中加工；④ 中精加工；⑤ 精加工；⑥ 微精加工；⑦ 用研磨或其他方法抛光。

## 3.4 数控线切割实训（实训一）

### 3.4.1 实训的目的与要求

（1）了解线切割机床的结构。

（2）熟悉线切割机床编程方法。

（3）熟悉线切割机床基本操作。

### 3.4.2 实训设备

DK7725 线切割机床。

### 3.4.3　数控线切割机床相关知识

（1）DK7725 线切割机床的主要技术参数，见图 3.26。

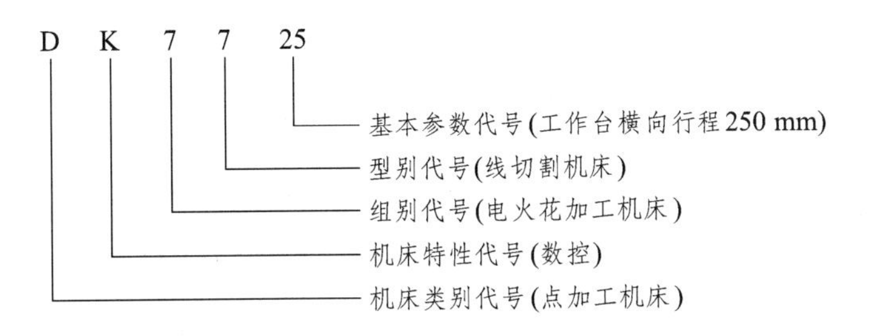


图 3.26　DK7725 机床技术参数

工作行程：$X$ 轴 320 mm，$Y$ 轴 250 mm；
最大切削厚度：140 mm；
加工精度：0.012 mm；
加工表面粗糙度：$R_a$ 2.5 μm；
切削速度：80 $mm^2$/min。
（2）数控线切割机床结构。
数控线切割机床由工作台、运丝机构、丝架、床身四部分组成。
① 工作台主要由拖板、导轨、丝杆运动副、齿轮传动机构组成，如图 3.27 所示。

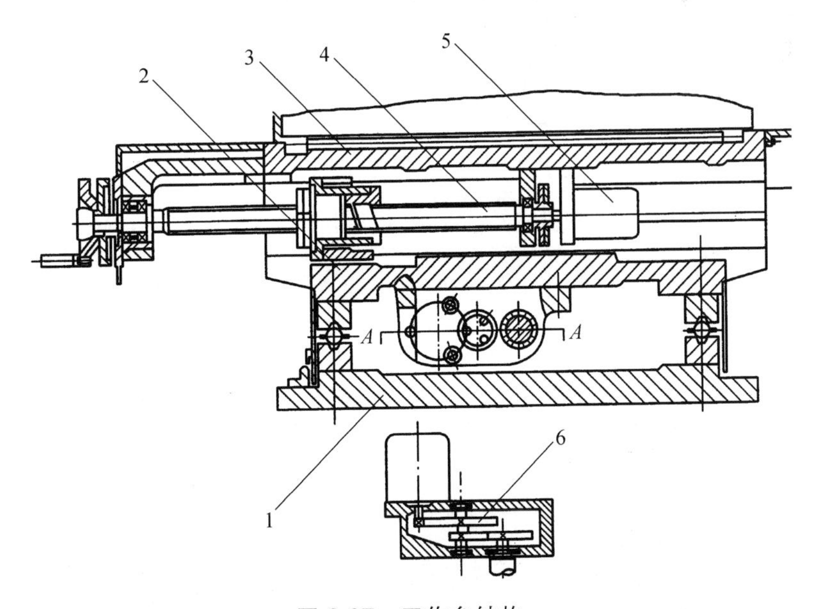


图 3.27　工作台结构
1—下拖板；2—中拖板；3—上拖板；4—滚珠丝杆；5—步进电机；6—齿轮传动机构

② 运丝机构由储丝筒组合件上、下拖板、齿轮副、丝杆副、换向装置和绝缘件等组成，如图 3.28 所示。

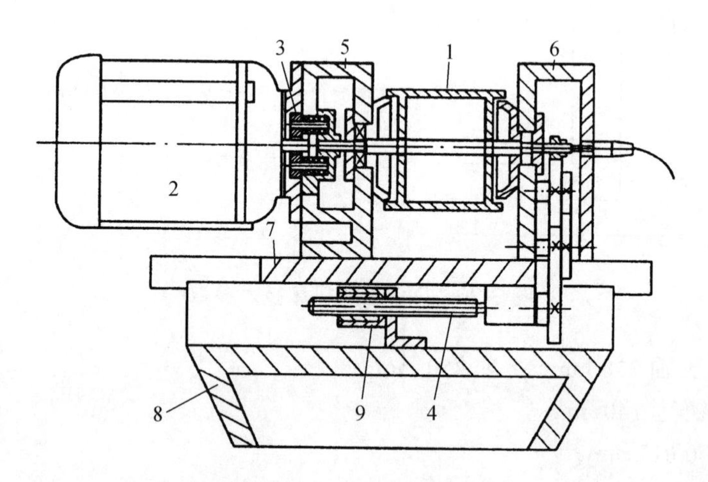


图 3.28　储丝筒组合件

1—储丝筒；2—电动机；3—联轴器；4—丝杆；5、6—支架；7—拖板；8—底座；9—螺母

③ 丝架采用单柱支撑、双臂悬梁结构，如图 3.29、3.30 所示。

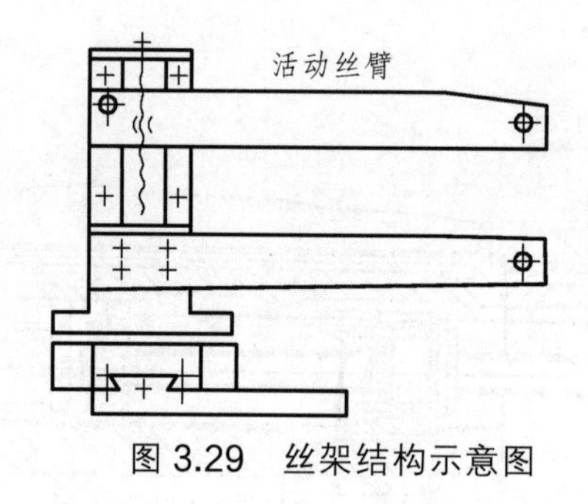


图 3.29　丝架结构示意图

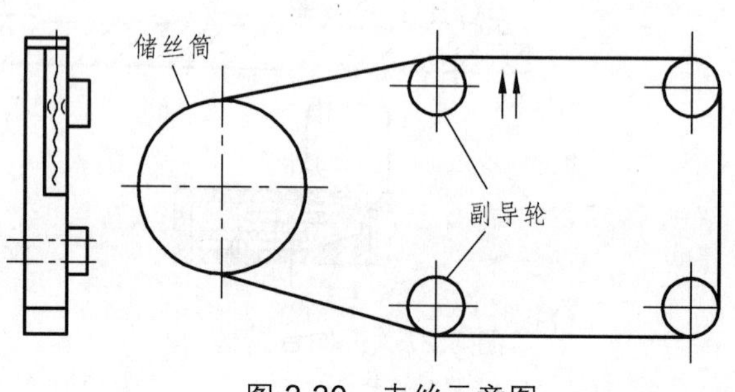


图 3.30　走丝示意图

（3）实例。

加工如图 3.31 所示工件，编写线切割加工程序。

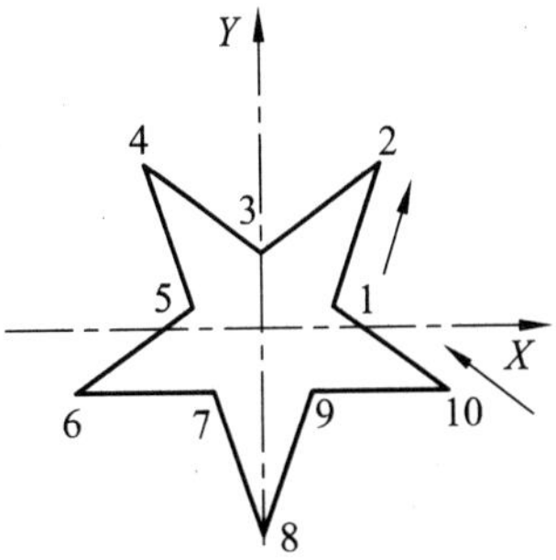

各点坐标值如下：

1.（5.449，1.771）　　2.（8.817，12.135）

3.（0，5.729）　　4.（－8.817，12.135）

5.（－5.449，1.771）　　6.（－14.266，－4.635）

7.（－3.368，－4.635）　　8.（0，－15）

9.（3.368，－4.635）　　10.（14.266，-4.635）

图 3.31　五角星

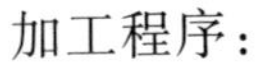

加工程序：

B0 B0 B5000 GxL3

B8817 B6406 B8817 GxL2

B3368 B10364 B10364 GyL1

B8817 B6406 B8817 GxL3

B8817 B6406 B8817 GxL2

B3368 B10364 B10364 GyL4

B8817 B6406 B8817 GxL3

B0 B0 B10898 GxL1

B3368 B10365 B10365 GyL4

B3368 B10365 B10365 GyL1

B0 B0 B10898 GxL1

B0 B0 B5000 GxL1　　DD

### 3.4.4　线切割机床安全操作规程

1. 基本要求

（1）操作（实训）人员需按规定着装。

（2）操作（实训）人员不得在工作场地嬉戏打闹。

（3）未经许可，不得擅自扳动电器开关、摇动机床手轮，开动机床，以保证人身、设备安全。

（4）操作中发现有异常应立即停机，并向指导老师报告。

（5）操作（实训）人员不得使用机床加工实训要求以外的工件。

2. 开机前准备

（1）检查脉冲电源、控制台接线、各按钮位置是否正常。

（2）检查切割机床的电极丝是否都落入导轮槽内，馈电块是否与电极丝有效接触，钼丝松紧是否适当。

（3）检查行程撞块是否在两行程开关之间的区域内，冷却液管是否通畅。

（4）用油枪给工作台导轮副、齿轮副、丝杠螺母及贮丝机构加油（HJ-30 机械油），线架导轮加 HJ-5 高速机械油。

（5）开机前确定机床处于下列状态：电柜门必须关严，丝筒行程撞块不能压住行程开关，急停按钮处于复位状态，如未绕丝，开机则应使断机开关处于“0”位。

（6）所切割零件程序经指导老师检查无误后，才能上机切割。

3. 开机加工

（1）加工时，电极丝接脉冲电源输出负“－”极，工件接脉冲电源输出正“＋”极。

（2）开机时，先启动丝筒电机，启动冷却液。

（3）加工过程中的操作（SNC-1 控制台）：

① 键盘程序输入：GOOD—输入（显示 P）—段号—按 B—数字键—按 B—数字键—按 B—数字键—按 B—按 B—数字键—按 B—……结束按 GOOD（出现 E）。

② 一般加工流程：GOOD—加工（显示 P）—数字键—高频—进给—机床—加工运算—END—GOOD。

③ 短路回退操作：暂停—短退（显示 H）—加工（显示 V）—加工。

④ 断丝回退操作：暂停—断退—显示 GOOD。

（4）加工中，应注意观察机床是否有异常情况出现。

### 3.4.5 实训内容

（1）加工实例中的五角星零件。

（2）自己设计一个零件图，然后编程、加工。零件尺寸需控制在 40 mm×40 mm 内。

（3）切割完成后，将工作台停在中位，按正确顺序关闭电源，将工具、夹具擦拭后放置在指定位置。清除切屑，擦拭机床，保证工作台面和机身的清洁。

### 3.4.6 思考题

（1）简述线切割机床的结构。

（2）简述线切割机床加工原理。

（3）简述电参数——脉冲宽度、脉冲间隔、功率、进给速度等对加工精度、生产效率的影响。

（4）自己设计一个零件图，用 3B 格式编写加工程序。

（5）记录实验数据（见表 3.3）。

表 3.3　实验记录表

| 零件名称 | 电参数 | | | | 表面粗糙度 | 加工面积/$mm^2$ | 加工时间 |
|---|---|---|---|---|---|---|---|
| | 脉宽/s | 间隔/s | 功率 | 平均电流 | | | |
| | | | | | | | |
| | | | | | | | |
| | | | | | | | |

（6）总结数控线切割机实验的体会并提出建议、要求。

## 3.5　电火花成形机床实训（实训二）

### 3.5.1　实训目的的与要求

（1）了解电火花成形加工的基本原理。
（2）了解数控电火花成形加工机床的组成和结构特点。
（3）熟悉电火花成形加工的基本操作，了解其加工规律。
（4）通过设置三组不同的电规律，比较不同电参数下的工件表面加工质量。

### 3.5.2　实训仪器与设备

（1）工件（材料为 45 号钢），尺寸（长×宽×高）为 30 mm×40 mm×10 mm。
（2）汉川机床厂 HCD300ZK 精密电火花成形机。

### 3.5.3　电火花成形机床的相关知识

（1）电火花成形机床的组成。

电火花成形机床由主机、工作液循环过滤器（即工作油箱）、脉冲电源等部分组成。主机包括床身、主轴、工作台、主轴箱、工作液油槽、油箱和机床端子等部分。控制电源系是 MDVA-105K 脉冲电源柜。

（2）技术参数和规格。

工作台面积：320 mm×620 mm；
工作台最大行程：纵向 320 mm，横向 200 mm；
工作台允许最大质量：300 kg；
工作液槽内部尺寸（宽×长×高）：500 mm×840 mm×320 mm；
容量：110 L；
液面调整范围（从工作台面算起）：140 ~ 290 mm；

主轴垂直行程：250 mm；
主轴下端与工作台面最大距离：>500 mm；
工具电极最大质量：100 kg；
电极连接尺寸：124 mm×180 mm；
最大加工电流：50 A；
加工粗糙度：< 1.25 μm；
电极体积相对损耗：< 1%。

### 3.5.4 电火花成型加工机床安全操作规程

1. 基本要求

（1）操作（实训）人员需按规定着装。

（2）操作（实训）人员不得在工作场地嬉戏打闹。

（3）未经许可，不得擅自扳动电器开关，开动机床，以保证人身、设备安全。

（4）操作中发现有异常，应立即停机，并向指导老师报告。

（5）操作（实训）人员不得使用机床加工实训要求以外的工件。

2. 加工前注意事项

（1）机床启动前应检查电源、接线是否正常。

（2）检查护罩、导轨是否有异物。

（3）机床通电后，检查各开关、按钮键是否正常，检查有无机床报警信息，如有应用时排除。

（4）电火花成型加工机床润滑采用 70 号导轨油，每班开机前应用手拉泵给各润滑点供油，每班加两次油。

3. 电火花成型加工安全操作规定

（1）启动电源之前，工作液需高出工件放电表面 50 mm。主电源启动：按伺服启动按钮—旋转伺服反馈扭—按操纵盒上主电源按钮。

（2）机床操作步骤：总电源启动—安装工件、电极和找正工线—找正电极—加工深度设定—启动油泵、设置油面高度—选择加工参数或 EDM 编程—接触感知操作—伺服速度调节—放电加工开始。

（3）每次脉冲电源开启前，需使主轴进入伺服状态后，然后根据加工具体情况，选择脉冲电源各项参数，机床就进入加工中。

（4）当选择定点时，不得同时选择主轴连续上升，否则，由于定点限制回程高度，将无法实现自动停机。

（5）精加工或加工盲孔、细窄槽的工件时，需要使用定时抬刀，以便于排屑，利于加工稳定。

（6）正在放电加工时，不要触摸夹头和电极部分，以防触电。

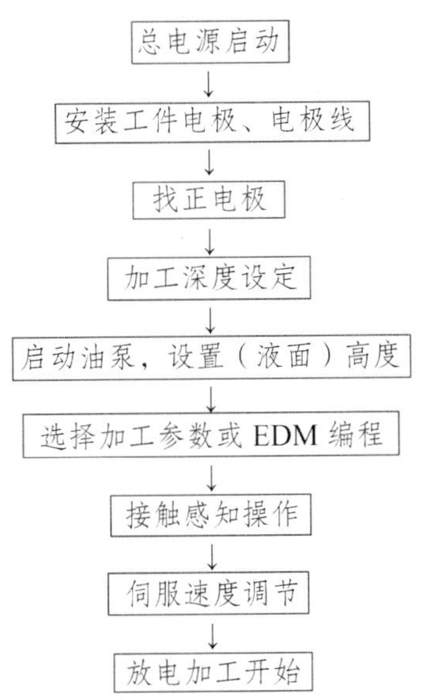


图 3.32　电火花成型加工机床操作流程

### 3.5.5　实训内容

（1）电火花成型加工机床操作的一般流程如图 3.32 所示。

（2）上电和自检。

启动总电源开关，数显表 *X*、*Y*、*Z* 轴显示 – 8、8、8、8、8、8、8，然后在 *X* 轴上显示 IAAS、*Y* 轴上显示 GS-500、*Z* 轴上显示运行软件的编制年度，这样就完成了表的自检和初始化过程，并进入掉电状态。*X*、*Y*、*Z* 显示值也是随机的，同时“M-REF”指示灯亮，*X*、*Y*、*Z* 轴第二位显示 0，希望重新设置坐标零点，按“M-REF”键，使指示灯灭。

（3）显示值清零。

按轴（*X*、*Y*、*Z*）键，按“CE”键，该轴显示值为 0。

（4）单段的 ECM 加工方式。

按“DSPEDM”键，使其灯灭，进入 EDM 加工方式，再按即可退出。

在 EDM 加工方式下，当 MODE 键指示灯灭时，*X* 轴显示加工目标深度，*Y* 轴显示加工条件值（即 C-XXX0，*Z* 轴显示加工实际值；当 MODE 键指示灯亮时，*X* 轴显示当前加工最深值，*Y* 轴显示加工时间，*Z* 轴显示加工实际值。

（5）主电源启动。

待工作液面到达预定高度后，按操纵盒上的伺服启动按钮，面板伺服启动灯亮（绿色），伺服启动，旋动伺服反馈钮，使电极快速接近工件，再按操纵盒上主电源启动钮（绿色），钮内指示灯亮，主电源接入，便可放电加工。或者，当液面高度到达预定高度后，直接按操纵盒上的主电源启动钮，伺服被同时启动，即可进行放电加工。

注意：正在放电加工时，不要触摸夹头和电极部分，以防触电。

### 3.5.6 思考题

（1）简述电火花成形加工的工艺特点及应用范围。

（2）简述实现电火花成形加工的基本条件。

（3)简述电火花加工极性效应对加工精度的影响以及表面加工质量与生产率之间的关系。

（4）简述电火花加工的一般原则。

（5）简述能够进行电火花加工的三个条件。

（6）绘制零件加工的定位装夹示意图，简述工具电极找正的方法和步骤。

（7）分析加工速度、电参数的选择等因素各自对加工效果的影响。

# 参考文献

[ 1 ] 曹凤. 数控编程[M]. 2 版. 重庆：重庆大学出版社，2008.
[ 2 ] 张学仁. 数控电火花线切割加工技术[M]. 2 版. 哈尔滨：哈尔滨工业大学出版社，2004.
[ 3 ] 罗学科，李跃中. 数控电加工机床[M]. 北京：化学工业出版社，2003.
[ 4 ] 李华志. 数控加工工艺与装备[M]. 北京：机械工业出版社，2005.
[ 5 ] 廖慧勇. 数控加工实训教程[M]. 成都：西南交通大学出版社，2007.
[ 6 ] 王荣兴. 加工中心培训教程[M]. 北京：机械工业出版社，2006.
[ 7 ] 李宏胜. 机床数控技术及应用[M]. 北京：高等教育出版社，2001.
[ 8 ] 徐衡，段晓旭. 数控铣床[M]. 北京：化学工业出版社，2005.
[ 9 ] 宋放之，等. 数控工艺培训教程（数控车部分）[M]. 北京：清华大学出版社，2003.
[10] 杨伟群. 数控工艺培训教程（数控铣部分）[M]. 北京：清华大学出版社，2006.
[11] 王爱玲. 数控机床操作技术[M]. 北京：机械工业出版社，2006.
[12] 陈蔚芳，王宏涛. 机床数控技术及应用[M]. 北京：科学出版社，2005.
[13] 李奇涵. 数控机床[M]. 长春：东北师范大学出版社，2006.
[14] 赵云龙. 数控机床及应用[M]. 北京：机械工业出版社，2002.